听不见的大自然

［加］凯伦·巴克 Karen Bakker◎著
邓婧文◎译

博物学家的自然聆听笔记

The Sounds of Life

北京科学技术出版社

著作权合同登记号　图字：01–2023–3966

图书在版编目（CIP）数据

听不见的大自然 /（加）凯伦・巴克 (Karen Bakker) 著；邓婧文译．—北京：北京科学技术出版社，2024.3

书名原文：The Sounds of Life
ISBN 978–7–5714–3268–3

Ⅰ．①听…　Ⅱ．①凯…　②邓…　Ⅲ．①自然科学–普及读物　Ⅳ．① N49

中国国家版本馆 CIP 数据核字（2023）第 190871 号

策划编辑：刘浩哲
责任编辑：孙　建
责任校对：贾　荣
图文制作：天露霖文化
责任印制：张　良
出 版 人：曾庆宇
出版发行：北京科学技术出版社
社　　址：北京西直门南大街16号
邮政编码：100035
ISBN 978–7–5714–3268–3

电　　话：0086–10–66135495（总编室）
0086–10–66113227（发行部）
网　　址：www.bkydw.cn
印　　刷：三河市华骏印务包装有限公司
开　　本：710 mm × 1000 mm　1/16
字　　数：179千字
印　　张：21.5
版　　次：2024年3月第1版
印　　次：2024年3月第1次印刷

定　　价：69.00元

献给皮斯河

倾听旷野，交谈声不绝于耳，那些并不是人类的语言。

——罗宾·沃尔·基默尔，《编结茅香》（*Braiding Sweet Grass*）

目　录 | CONTENTS

序　言

与生命之树（进化树）上的其他血亲相比，人类实在算不上好的倾听者。[①]其实，在人类的听力下限之下存在次声波，那是雷电、龙卷风、大象和鲸鱼的声音。这种声波可以穿透空气、水、土壤和岩石，传播得很远，许多生物能感知它并通过它进行交流。孔雀开屏——动物王国最著名的求偶仪式之一，是雄孔雀正通过抬尾发送强力的次声波。在人类看来，开屏是形的展示，但实际上，它是声的呼唤。

① 我所说的“生命之树”与达尔文和其他一些当代科学家提出的概念意义相近，意在突出地球上拥有共同祖先的不同物种间的联系。“进化树”的形容虽并不完全精确，但也不失为一个描述物种相关性的形象比喻。——作者注

最深沉的次声波来自我们居住的星球。如果你能感知这些声波，将会听到冰山的崩裂声，火山的低吼声，甚至地球另一端的台风的咆哮声。而在所有次声波中，频率最低的是地球的周期性次声波脉冲，它从我们的脚下出发，能通过空气传播到很远的地方。海浪对大陆架的冲刷使地壳产生有节奏的震动，这便是地球的心跳。当地震袭来，地球表面剧烈振动时，能通过空气传播的次声波震颤也同时产生，此时的大气层更像一只无声的钟。[②]

地球上的次声波合唱无时无刻不在萦绕着我们。许多动物（比如岩鸽、蛇、老虎和山海狸）都能听到这些低频声，但人类不行。我们的听力局限在一个相对狭窄的频率范围——20 赫兹到 20 000 赫兹之间，而且随着年龄增长，这一范围会继续缩小。一些敏感的人能偶尔捕捉到次声波，他们或是感到一阵突然的心悸，或是莫名地坐立难安。

而另一端，也就是在人类的听力上限之上，还存在超声波，这种声波振动频率极快，人类无法听到。许多物种，比

---

② 地震可能引发大气扰动，改变地球大气外层（电离层）的带电粒子分布，这一现象可能表现为地面接收器与卫星之间的无线电信号传输异常。这种存在于岩石圈（地幔和地壳）和大气层之间的耦合现象被科学家称为同震电离层扰动。——作者注

如老鼠、飞蛾、蝙蝠、甲虫、玉米和珊瑚都能发出人类难以察觉的超声波，曾经，人类的祖先或许能听到这些高频的声音，而我们体形较小的灵长类近亲——小眼镜猴和矮狐猴，至今仍保留着使用超声波交流的能力，但人类已经做不到了。

一些物种用超声波“观察”世界，以此确定方向、寻找伴侣、捕获猎物。蝙蝠和齿鲸通过回声定位构建四周的景象：它们向周围发射超声波，并分析声波的反射情况。生物声呐（回声定位的别称）就像一个声学手电筒，经过进化的打磨，其精确度已经可以和最先进的医疗设备媲美。金丝燕、油鸱、夜间活动的鼩鼱和老鼠也在用声音“观察”世界，只是它们的回声定位形式相对简单。这些动物中包括了动物世界里数一数二的“大嗓门”，但人类却听不到它们的声音。熟悉它们的人或许能偶尔觉察到轻微的咔哒声，那是回声定位的低频音；少数情况下，盲人甚至会发展出回声测距的能力。不过，对大部分人来说，即便将最强的超声波直接对准耳朵，他们也只能感受到一阵空洞的气息。

正如北美印第安哲学家勒罗伊·贝尔所说：“人的大脑就像收音机里的一个电台，它自有固定波段，故而听不到其他电台的声音……而动物、岩石、树木则在更加宽广的‘感官’波段上和人类同时进行广播。”我们的身体，或许也包括心灵，限制了我们倾听人类以外事物的能力。不过，人类已经开始努力增强自己的听力。今天的人与自然或许不像过去那样亲近，但数字技术为我们提供了倾听人类以外事物的强大武器，也对恢复人与自然的联系大有助益。

* * *

近年来，科学家安装的数字监听设备几乎遍布了从北极到亚马孙的所有生态系统。这些计算机化、自动化的麦克风通过网络与数字传感器、无人机、卫星相连，它们的功能非常强大，甚至能录下海洋深处的鲸鱼妈妈对幼崽的低语声。研究人员在蜜蜂和海龟身上安装了微型麦克风，还在树上和珊瑚礁中固定了监听器，如果把这些设备连接起来，整个监听网络将覆盖全部的陆地和海盆。[3]业余爱好者也在倾听自然的声音，他们使用的设备价格低廉，比如“音蛾”（一种智

③ 例如，澳大利亚已经建成了一个观测范围覆盖整个澳洲大陆的生物声学观测台，能够持续而直观地记录不同生态区的声景，包括那些不时遭受火灾、洪涝灾害，以及人工记录很难或根本无法开展的地区。美国也有多个生物声学监测系统，其中一个位于内华达山脉的系统由超过 2 000 个监听站组成。——作者注

能手机大小的开源设备），最便宜的自行组装版本售价还不到 100 美元。如果把这些电子设备看作一个整体，它们就像一个行星尺度的助听器，让人类得以突破感官极限去观察和研究自然的声音。

本书讲述的是科学家如何通过数字技术探寻人声以外的声音奥秘，以及他们所听到的非同寻常的声音。近期的科学研究发现，许多物种不仅能发出声音，而且内涵丰富，只是这些声音大都在人类的听力范围之外，所以一直未被发现和欣赏。（写作此书期间，我查阅了 1 000 多个物种的研究报告，但这仅仅是生物声学——专业术语，即倾听非人类生物体的科学——研究成果的一小部分。）海豚、白鲸、老鼠和草原土拨鼠会用独特的声音（比如标志性的哨声）来称呼同伴，就像人类的名字一样。蝙蝠幼崽会对母亲咿呀呢喃，蝙蝠母亲则会像人类母亲一样用对宝宝说话的语气做出回应。幼海龟会在孵化前与即将破壳而出的同伴交流，“商定”出生时间，而这在以前是无法想象的。声音是动物警告、保护和引诱的工具，也是它们教导、娱乐和呼唤的手段。

仔细倾听人类世界以外的天地，我们会发现许多物种都能进行复杂的交流，这颠覆了只有人类拥有语言的传统认知。对于灵长类动物和鸟类，这或许很好理解，但数字技术告诉我们，自然界的每个角落都充满了极丰富的声音交流。通过数字生物声学，科学家发现许多物种即便没有耳朵和其他明显的听觉器官，也能理解声信号携带的复杂信息并做出回应。大海中的鱼类和珊瑚幼虫（一种只有几毫米长，无中枢神经系统的动物）能够区分自己居住的暗礁与其他地方的声音差异，从而辨识家的方位；植物在脱水或感到痛苦时会发出一种特殊的超声波；当蜜蜂的嗡嗡声逐渐靠近，花蜜便充盈起来，仿佛是特意等待蜜蜂的到来。地球上的话语声从未中断。现在，数字技术为人类提供了聆听周围丰富声景的新方式，让人声之外的神秘乐章进入我们的耳朵。

嘹亮的地球

本书涉及的科研成果主要来自两个研究领域：生物声学和生态声学。这两个学科为人类搭建了一座数字化桥梁，让我们得以深入自然，聆听无处不在的对话，探寻最隐秘角落的声音奥秘。正如下面几章体现的观点一样：生物声学和生态声学极大地提升了人类监测生物体和生态系统、检测环境变化的能力。科学家正在尝试利用生物声学和生态声学修复生态系统，因为他们发现自然的声音有治愈动植物（包括人类）的功效。科学家还发现环境噪声对自然界的影响正在成指数增长，已经成为主要污染源之一。因此，平息人造噪声就成为当下环境保护的一个重要议题。

那么，生物声学究竟是什么？简单来说，生物声学就是对生物体发出的声音的研究。这一领域的研究人员既懂得听的艺术，也掌握听的科学。想象一下，一名野外生物学家不仅熟悉听力学家的工作，还同时具备与数据科学家相当的专业技术和不亚于作曲家的感受力，这大概就是当代生物声学家的“半身照”，因为这些仅仅是他们全部技能的一半。[④] 生物声学让人类对野外地区有了更加深入的了解，科学家们不仅凭借相关技术发现了全新物种，甚至重新找到了过去被认为已经灭绝的动植物。摄像机只能“看到”动物在林间行走，但数字录音机却能“听到”它们躲在灌木丛中的声音。

生态声学也称声生态学或声景研究，研究对象是整体环境中的全部声音。想象着你站在一片热带雨林之中，将听到树叶的沙沙声、鸟儿的鸣叫声、瀑布的轰鸣声。这些声音汇

④ 更准确地说，生物声学的研究重点是动物通信及相关行为、动物听觉能力及听觉机制、动物发声机制及神经生理学，以及生物声呐。——作者注

集起来便构成了声景。[5] 声景能够体现生态系统的运转情况，健康状况不同的生态系统发出的声音也不相同。就像听诊器捕捉心脏杂音一样，生态声学能检测生态系统的声音是否健康。不同环境的声景各具特色，就像一张张集合了动物（包括人类）、植物和地质声响的声学名片。只需聆听，生态声学家就能区分林场和森林，发现看似完好的生态系统中潜藏的早期退化迹象。利用生态声学，人类不必涉足荒野就能够绘制该区域的地图。生态声学家听环境，就像放射科医生看磁共振扫描图像一样，找寻病变的蛛丝马迹。

数字录音技术的发展推动着生物声学和生态声学的进步，人类可以毫不费力地听得更远。在科学家刚刚开始模拟记录自然之声的时候，他们使用的仪器不仅笨重、庞大，而且十分昂贵；现在，沉重的磁带已经被小巧便携、价格低廉、持久耐用的数字录音机取代。几十年前，野外录音设备可以把一辆小货车填满；现在，数字录音机可以轻松地装进背包，甚至是裤子后袋。这些数字监听设备几乎适用于任何地方，还能够捕捉远超摄像机录制范围的声音，使得科学家听到的

---

[5] 城市也有声景。声景一词最早由迈克尔·索斯沃斯提出，用于形容城市的噪声。——作者注

物种声音更多，距离也更远。不论何地，业余爱好者和科学家都在聆听着大自然的声音。

* * *

任一领域的数字化都会引发数据海啸。为了处理海量的数据，科学家使用人工智能技术来分析数字录音，为人类开发的算法（如智能手机的语音转文字算法）正被用于解析其他物种的声音。近年来，生物声学算法的发展十分迅猛：它们不仅能识别物种，还能识别个体，就像语音识别软件一样。不过，我们也不应夸大这些算法的功能，它们的归纳能力仍然有限，时常需要人工核验的辅助。此外，这一领域的硬件设备也存在亟待解决的问题，比如传感器的功率限制等。

如果能解决这些问题，人类或许将很快发明出动物版的谷歌翻译。[6]将数字监听设备与人工智能相结合，科学家正在记录、解码人声以外的声音。一些科学家正在运用人工智能

⑥ 借助机器学习算法，科学家已经破译了多种动物的发声和它们的复杂社会行为间的关联，其中既有人类较为熟悉的物种（如鸟类），也有此前了解较少的物种（如蝙蝠，它们的声音超出了人类的听力范围，一个密集的蝙蝠群每分钟能发出数百次叫声）。——作者注

编制东非象、南澳大利亚海豚和太平洋抹香鲸的词典。少数科学家甚至在机器人和人工智能的帮助下实现了与非人类生物的双向交流。现在，科学家可以通过数字技术模仿不同生物体的交流模式：虽然人类的声带不能发出海豚的咔哒声和蜜蜂的嗡嗡声，但人工智能可以做到。目前，人类正在探索运用物联网相关技术开发与其他物种交流的全新方式。

这些技术带来的科学发现彻底改变了人类对自然界的认知。在讲述这些故事的时候，我想强调 3 点：能够发出并感知声音的物种（除人类以外）比科学家过去想象的多得多；许多物种的交流和社会行为比人类原先了解得更加丰富、复杂；这些发现为环境保护和跨物种交流创造了新的可能。部分发现在公布之初曾遭到质疑，许多研究人员不相信这些物种能发出人类听不到的声音（虽然我们现在知道能发出这些声音的物种很多，能听到这些声音的物种更多）。对于人类以外的物种也能用差异化的声音传递复杂信息的观点，许多研究人员仍然嗤之以鼻，他们坚信只有人类拥有这种能力（现在我们知道事实并非如此）。贡献这些成果的科学家大都一面克服困难、坚持研究，一面承受着来自同行的压力。这些发现有赖于团队的力量和数十年的努力，它们证明了在无人类生存迹象的环境里，声音同样重要。

当然，这并不意味着现代聆听技术可以取代传统倾听方式，恰恰相反，传统聆听方式更应该得到承认和传承。深度聆听是一种历史悠久的方法，现在也依然是发现自然真理的有效手段。事实上，本书讲述的许多“新发现”都是人类对已知环境知识的“重新发现”。正如植物生态学家罗宾·沃尔·基默尔所写：“每当同事说他们有新的发现时，我总是一笑置之，因为那就像哥伦布宣布自己发现了美洲一样。我们的实验不是发现，而只是聆听并翻译其他生物具有的知识。”基默尔相信，如果人类能提出清晰、不带先入之见的问题，并耐心而细致地观察，一定会得到自然的答案。这种方法十分有效，许多传统生态学知识就是这样获得的。深度聆听还为正在发展中的数字生物声学提供了重要指引，提醒人类必须时刻保持责任感和管理意识，否则，这些新型数字工具可能沦为我们进一步剥削、驯化其他物种，而非保护它们、与它们建立联系的手段。

被耳朵覆盖的星球

50 多年前，哲学家皮埃尔·泰哈德·德·夏尔丹用神秘的笔触描绘了计算机的未来。他用颇具诗意的隐喻形容日渐普及的计算机网络，而后来的现实似乎也印证了他的预言：我们的星球“被大脑覆盖了”。后来，马歇尔·麦克卢汉在他的畅销书《古登堡星汉璀璨：印刷文明的诞生》中进一步发展了夏尔丹的观点。在因特网诞生的几十年前，麦克卢汉便预见了数字革命的到来，他认为相互连接的计算机网络就像一个神经系统。他还进一步预测，这种数字网络的出现将催生新的全球意识。麦克卢汉指出，科技不是简单的工具，我们的发明将改变我们自身的行为和意识，无论是个人层面还是集体层面。约翰内斯·古登堡于1450年改进了活字印刷术就是一个绝佳的例子，它成为文化生产的一个转折点——标准化印刷从此出现，并逐渐转入书籍、报刊等大众印刷媒体的自动化生产阶段。

麦克卢汉的核心观点在于科技与人类感官的相互作用。他认为活字印刷术的兴起改变了人类的感知习惯：口口相传和抄写记录被印刷术取代，视觉的重要性进一步凸显，口、耳的作用则有所减退。面对信息，人类要做的不再是记忆和回想，而是收集和整理。有利于人类记忆发展的长篇背诵习惯逐渐消失。信息开始被细分，而这奠定了知识专业化的基础。文字取代了口述，杜威的十进制分类法取代了荷马的《奥德赛》。

麦克卢汉还预言了口头文化的复兴。虽然印刷文化用固定文本（即书籍）分离了故事的讲者和听众，但他认为数字通信将意味着互动式口头交流的回归：讲者和听众有来有往、一呼一答，共同推动情节的发展，抖音和互动式电脑游戏的风靡似乎印证了麦克卢汉的观点。如果有什么是麦克卢汉和德·夏尔丹没能预料到的，那就是不断拓展的数字、网络文化会将人类以外的事物也囊括其中。如果他们得知未来将诞生数字生物声学、人类有可能通过网络实现跨物种交流，不知他们会有何感想呢？

* * *

人类与动物对话的传说流传已久。太平洋西北部的土著部落流传着“提克西姆西”的传说，它会说谎、变身、做恶作剧，也会将道理与经验传授给世人，它告诫人们重视平衡与和谐，因为人类存续与之息息相关。在波斯史诗《列王纪》中，凤凰神鸟斯莫奇将智慧交予了被遗弃的王子扎尔，帮助他做好重返人间的准备。在基督教传说中，圣方济各向狼和鸟讲述爱与悔。在中世纪的动物寓言故事中经常出现会说话的动物，人们用动物的口吻宣扬人类的道德，鼓吹神的恩典、明示人的脆弱以及揭示人类面对自然的虚伪。这些故事提醒人们：只要人类愿意俯身聆听，自然将给予人类更多。

然而，仍有许多西方科学家和哲学家坚信人类是“唯一拥有语言的动物”，因此，也只有人类拥有思考的能力（这一观点从亚里士多德开始，历经奥古斯丁、阿奎那、笛卡儿，一直延续至今）。虽然新兴科学研究正逐渐颠覆这种论断，但人类对动物语言依旧持矛盾的态度，这种矛盾与人类对自身地位的不确定密切相关：我们究竟是一种普通动物，还是真有什么与众不同（比如语言、工具、理性）？人类围绕动物语言的辩论，体现的恰恰是我们对自身在宇宙中所扮演角色的不确定。

这种不确定进一步发展成了围绕人与自然关系的矛盾心理。尽管众多文化的古老传说中都有人与动物交流的故事，但这些故事也告诉我们那些声音已经绝迹。在希腊，曾有全能的预言家居住在神圣的森林里，他们向大地的神明寻求指引，但依然无法阻止人类大肆砍伐森林。当他们的同胞就要将树砍光时，希腊诗人写下了“伐木与杀人无异”的诗句。罗宾·沃尔·基默尔曾经说过：过去，人类和动物共用同一种语言。但外来殖民者闯入后，这些人声以外的声音变得沉寂。对重拾跨物种交流能力的渴望激起了人们的强烈情绪：

既有怀疑，也有向往。这些对立的情绪也是本书将要探讨的话题。基于声音不仅是数据这一观点，我想同时阐明以下几点事实：声音是数据和信息，是音乐和意义，也是语言和人类以外的事物的表达方式。听是科学的手段，也是见证的方式，它让人类懂得自己不过是地球的客人，并且理性接纳我们人类与其他物种之间紧密的联系。

数字技术与科学（前者是手段，后者是思维）通常被看作离间人类与其他物种的罪魁祸首。本书将提出一个全新的观点：在数字技术和深度聆听的合力辅助下，科学将有可能引领人类开启重新发现自然之旅。人与自然的交流将会增多，人对自然的控制则会减少，人类将以朋友而非主人身份与自然和谐共处。

我们将从因纽特人[7]的故事开始，他们把传统知识分享给了西方的科学家，而这些科学家正在通过数字技术重新确认北极地区的居民早已知晓的事实：在人类曾经以为的寂静深海之中，鲸鱼正在歌唱。

---

⑦ 因纽特人是生活在美国阿拉斯加州北部的人类族群。——译者注

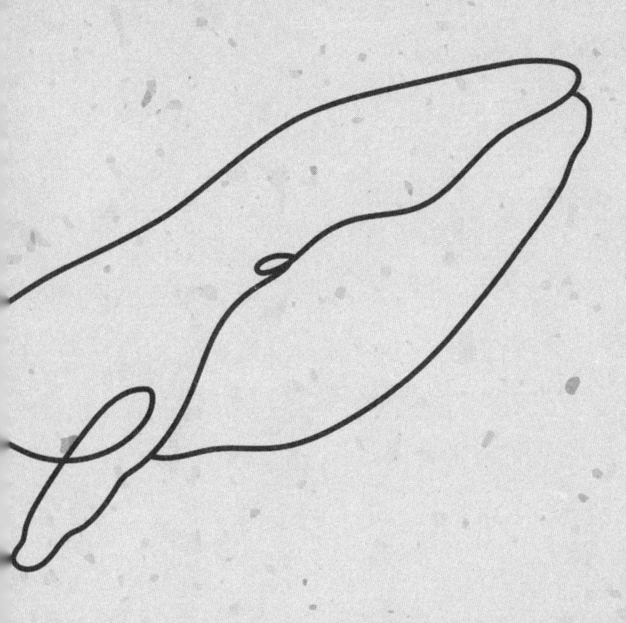

第一章

生 命 之 声

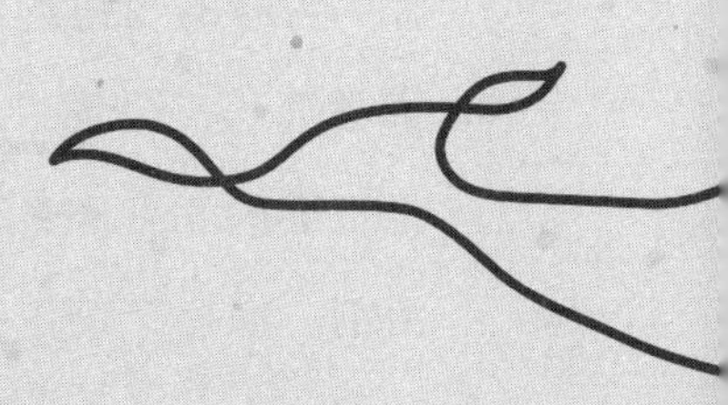

鲸鱼的歌声

赫伯特·L·奥尔德里奇患上了肺结核，医生估计他只剩不到一年的时间。于是，他做了一个冲动的决定：他要和新英格兰的捕鲸船一起到北极去猎捕弓头鲸。这是这名《新贝德福德晚报》的记者第一次乘船出行，那是1887年，只有27岁的他发现了鲸歌。

当时的《纽约时报》曾这样形容美国的捕鲸业中心新贝德福德——全美“最富有的地方”。不论新旧世界，鲸油都是重要的工业和照明燃料，也是活塞、织布机和球轴承的润滑剂。鲸脂让肥皂、人造黄油和口红变得柔软，须鲸的骨头还能为胸衣定型。早在淘金热将人潮带往育空山脉之前，捕鲸热就将船只铺满了北极的海面。一只鲸鱼的售价（按今天的价格计算）可以超过100万美元，捕鲸能手只需几次，就可以“功成身退”、生活无忧了。

但当奥尔德里奇踏上旅程的时候，捕鲸业的黄金时代早已结束。捕鲸活动让北极东部的鲸鱼几乎灭绝，北极西部的情况也不容乐观。奥尔德里奇所在的这支捕鲸船队也将面临解散。新贝德福德当地的名流以悼念的心情资助了这个年轻人的旅行：由一个将逝之人记录一个垂死的产业。

北极捕鲸是勇敢者的挑战。每年都有船只因为撞上浮冰而沉没，快速堆积的冰塞能很快超越船桅的高度，把木质船体击得粉碎。奥尔德里奇深感自己不堪一击，他唯一能依靠的只有一艘木船，而这艘船不过是“被巨大浮冰握在手心的蛋壳”。10年前，一个由40艘船组成的舰队被浮冰全部吞没，1 000多个成人和儿童只得坐小船逃离。正如《白鲸》（又译《白鲸记》）中所说的那样：“捕鲸总与死亡相伴——一阵突如其来的混乱就能将人拖入永生。”

尽管危险重重，鲸鱼仍然是充满诱惑力的猎物。由于鲸鱼的数量越来越少，捕鲸人只能去往更远、更危险的深海。在那里，即便是因纽特人，甚至是最厉害的捕鲸手也只能与死亡共舞。伊图安加特·阿克萨尔朱克曾这样描述在基吉柯塔鲁克（巴芬岛）的浮冰边缘狩猎的情景：猎手们沿着无冰水面不断变化的边缘航行，在暴风雨即将来临时，他们会将小船拖到冰面上，翻转过来，躲在下面，祈祷浮冰不要破裂，否则他们将像碎冰一样越漂越远。

3月初，奥尔德里奇乘坐“新凤凰”号出发了，这时，阿拉斯加的海岸依旧密布着坚冰，太阳刚刚掠过地平线。这支由30多艘船组成的队伍在浓雾中航行，他们循着冰面较薄处的裂缝前进，船只刚刚驶过，冰面就在他们身后快速闭合了。如果能找到新的裂缝，船队就继续向前；如果找不到，大伙就只能眼睁睁地看着浮冰越压越近。从一个水上监牢跳入下一个水上监牢，船队就像在和一个多变的对手下一场险象丛生的国际象棋。几年前，奥尔德里奇的船长埃德蒙·凯利失去了他的“塞内卡”号，而这次旅行的几年后，“新凤凰”号也在阿拉斯加海岸的一场风暴中沉入海底。

等待冰面开裂时，水手们会捕猎海象和海豹、打扑克牌、讲故事，以此打发时间。奥尔德里奇从“伊丽莎”号跳到“猎人”号，又登上“巴拉纳”号和“斯拉舍”号，他用相机记录了这次旅行。而更多时候，奥尔德里奇感到非常不安。一天晚上，凯利船长讲起了鲸鱼“唱歌”的故事，以此来安抚他的情绪。起初，奥尔德里奇认为这是在和他开玩笑，因为他是个好骗的外行，也是第一个随捕鲸船队进入北极西部的记者。但后来的一天，就在船队追捕猎物的时候，他真的听到了鲸鱼的歌声。

据奥尔德里奇回忆，凯利第一次分享他发现鲸歌的经历时，遭到了众人的嘲笑，但他最终用高超的狩猎技能让大家闭上了嘴。凯利让船队紧追声音，那声音十分微弱，但他说自己能通过船身的振动分辨。“只要凯利船长起锚出发。”奥尔德里奇回忆道，“所有船都会紧随其后。”其他船长都在学习他的方法，开始不分昼夜地守望鲸歌。

刺中鲸鱼后，凯利总会把耳朵贴近紧绷的绳索，仔细地听。奥尔德里奇这样描述当时的场景：

> 凯利听到被刺中的鲸鱼发出了低沉、厚重、痛苦的呻吟，就像一个疼痛难耐的人。弓头鲸的声音与猫头鹰接近，但拖得更长：呜——，那不是鸣叫，更像是嗡鸣。它们的声音从F调开始，然后上升到G调、A调、B调，甚至C调，然后再降到F调。座头鲸的音色则更加明亮，听起来就像小提琴的E弦发出的声音。

当鲸鱼穿越白令海峡向广阔的波弗特海前进时，凯利就在这里利用声音捕杀弓头鲸。那一年，船队大获丰收，他们收获的鲸须重量超过了60万磅（约272吨），为数十年来之最。

* * *

对捕鲸人来说，声音不过是捕猎的线索，但奥尔德里奇还好奇其中的语义。这些声音会不会是“鲸鱼在通过白令海峡时的某种呼唤或信号，提醒同伴要向北前进，或是告诉它们海面没有结冰？”在桅顶观察的水手说，每当有鲸鱼被鱼叉刺中，它痛苦的叫声总会惊扰附近的其他鲸鱼。两年前，凯利的船击中了一头抹香鲸，“很快，3英里（约4.8千米）范围内，甚至更远处的鲸鱼都游了过来，它们聚在一起，绕着受伤的同伴转圈，好像在问‘出什么事了？’”奥尔德里奇向船员们询问鲸鱼歌声的含义，但水手们沉浸在捕猎的“极度兴奋”中，对他关于鲸鱼交流的思考毫无回应。

8月的最后一天，“新凤凰”号抵达了巴罗角，这是美国的最北端，位于北极圈以北的300多英里（约480千米）处。白令海峡在这里与波弗特海相连，这个通道的最窄处只有不到3英里（约4.8千米）宽。奥尔德里奇上岸后发现整个海滩都结着冰。他望向北极，感叹眼前的风景:“不论北面还是东面，我目之所及满是蓝色的坚冰，它们的硬度可能丝毫不亚于花岗岩。”当地的因纽特人称这里为“乌特恰维克”，意思是“采集野菜根的好地方”。不过，当地人的主要食物来源是弓头鲸，它们用海豹皮做成一种名叫“乌米亚特”的小艇，这种船可以在狭窄的冰缝中穿行——这是南方来船所做不到的。如果附近没有鲸鱼的踪迹，他们就循着冰缝继续向北。捕鲸船队去不到那里，而且当他们向南行驶回家时，冰面就在他们身后闭合了。

这是这个捕鲸船队最后一次出行。弓头鲸几乎已被捕尽，奥尔德里奇这样形容当时的情境:“在捕鲸人出现以前，当地人在家门口就能捕获大量的鲸、海豹、海象。但现在，人们不得不去更远的地方捕猎，而且很难成功。鲸变得越来越容易受惊，这对当地人和捕鲸人来说都不是好事。”

后来，奥尔德里奇回到家乡，他出版了一本讲述这次旅行经历的书，还去了许多地方讲授捕鲸和北极的知识。他不仅恢复了健康，还活到了88岁。但他的鲸鱼歌声的故事并没有引起人们多少关注，很快就被完全遗忘了。正如人类学家斯特凡·黑尔姆赖希所说，主流观点认为海洋是沉寂的:不论是雅克·库斯托的纪录片《静谧的世界》(*The Silent*

World），还是吉卜林对海洋的诗意描绘（“没有声音，没有回音，那是深海的荒漠”），都体现了人们对海洋的认识：那是一片无声的区域，像墓园一般死寂。到20世纪初，已经没有船员能够听到鲸鱼的歌声了，螺旋桨和发动机的噪声彻底掩盖了它们。但凯利船长的听鲸技术最终得到了科学的验证，他无意中成为海洋生物声学（研究海洋生物的声音）的先驱。

恼人的杂音

自麦克风诞生以来，人类总能在无意中捕捉到各式各样的动物声音，但很少有人在意。起初，只有科学怪才才会研究生物声学，比如斯洛文尼亚生物学家伊万·雷根，他向昆虫播放虫鸣的录音，并观察它们的反应。雷根最为著名的一次实验是，他让一只雄性昆虫对同种的雌性发声，而这场“对话”并非面对面进行，而是通过当时的一项全新科技——电话完成的。

那时，几乎没人对这些冷僻的实验感兴趣，除了军方。第二次世界大战后，世界各国的军方都开始对海洋之声进行秘密研究，希望找到反潜战的制胜法宝。他们很快发现，水下声学可以提供大量重要信息。海军的重点关注对象是海洋中的水下声道，这是海洋中一个特殊的水层，在中纬度地区海域，水下声道与水面的距离约为半英里（约0.8千米），通过这一声道，声波的传送距离可以达到数千英里。自水下声道（后更名为“声学定位与测距通道”）于20世纪40年代被发现以来，军方一直密切关注相关研究，因为它可能对监测船舶声呐（类似海洋声学版的雷达）信号具有重要意义。[①]军方提出了在声道上放置水听器的设想，这样他们就能掌握几百英里外的潜艇动向了。

冷战时期，用好这一声道成了美苏两国的首要任务。面对快速壮大的苏联潜艇舰队，美国海军秘密建立了一个由多个固定海底监听站组成的全球监听网络——SOSUS，即声监

---

① 水下声道的形成源于声速、温度和压力之间的关系：水深越深，则水温越低、压力越大、声音的传播速度越慢。但达到某一深度后，海水的温度将保持恒定，只有压力会继续增加；在这一深度，声音的传播速度会降至水中的最低值（最低声速），这便是水下声道的位置，但其具体深度会因为海洋环境的不同存在差异。这一声道的作用与光纤电缆类似，它不仅能引导声波传播，还能以更小的损耗保证更长的传播距离；声波会向这一声道轴弯曲（或折射），因为这里的声速最低。这样一来，低频声波就可以经这一声道传出很远的距离（高频声波衰减严重，传播距离有限）。——作者注

测系统的首字母缩写。声监测系统做出了巨大贡献：它能够跨越大洋追踪苏联潜艇，而且灵敏度极高，可以探测到部署的鱼雷的声音，甚至可以捕捉到螺旋桨的任何动静。

声监测系统成了美国反潜战的秘密武器。不过，负责系统操作的海军技术人员时常抱怨被杂音干扰，他们形容那些背景音像是低沉的呻吟声和拖长的隆隆声。海军的科学家们感到困惑：这些噪声来自哪里？会不会是海底火山或地震的声音？由于部分噪声非常接近潜水艇和其他军用装备的声音，从而提高了错报的风险，这也让冷战时期的紧张气氛进一步加剧。

海军猜想这些声音可能来自海洋生物，于是便请来了生物声学家进行研究，其中就包括玛丽·波伦·菲什博士。在为海军研究办公室服务的20余年里，菲什博士一直使用圈养的海洋生物进行实验。她的大部分实验内容是用通电的赶牛棒戳这些动物并记录它们的声音，让海军反潜舰艇的操作人员学会区分活体海洋生物和潜艇的声音。菲什博士一共研究了从哺乳动物到蚌类的300多个物种，并得出了许多海洋生物都能发出声音的结论。不过，生物学家后来意识到这些声音很可能是动物受到刺激，肌肉剧烈收缩的结果，并不能说明它们在自然状态下也会发出一样的声音。也许是出于这个原因（或者是因为这些实验的实质几乎与虐待无异），菲什博士的实验没有被进一步推广，也没能获得肯定。

* * *

尽管有了一些初步实验结果，但研究人员依旧无法解释海军技术人员经常听到的一些怪异声响。那些声音从海洋深处发出：咔哒声、嚎叫声、呻吟声、咕哝声、呐喊声，不一而足。更奇怪的是，有些声音能被位置相距极远的多个监听站同时捕捉到。技术人员用机器和虚构怪物的名字来给这些神秘的声音命名："火车""耶洗别怪物""逗号""仓院合唱团"。最终，海军研究人员发现这些奇异的叫声全都来自鲸鱼。这些在大海中遨游的生物通过声学定位与测距通道和同伴交流，它们的声音能畅行无阻地穿越数百、甚至数千英里。这一声道对军方来说或许是最新发现，但对鲸鱼来说只是一个再熟悉不过的通信工具。

第二次世界大战后，海军对鲸鱼之声的研究方兴未艾，但直到 1957 年，这一领域的论文才首次发表。论文的作者曾在军队工作，那段时期关于鲸鱼的所见所闻是其研究灵感的来源。起初，比尔·谢维尔在哈佛大学学习古生物学，战争期间，他受美国海军委托为声监测系统研究水下监听技术，也正是在那段时间，他第一次听到了鲸鱼的声音。由于海军监听站大都是没有窗户的水下小屋，看不到外面的监听人员就把来历不明的噪声都叫作“鱼声”。这引起了谢维尔的强烈兴趣，他果断中止了古生物学学业，选择到科德角著名的伍兹霍尔海洋研究所工作。他的同事威廉·沃特金斯虽然是研究所的技术人员，但他对语言一直有着浓厚的兴趣（55岁时，已经掌握了30多种非洲方言的他，用日语完成了东京大学的博士论文答辩，并获得了学位）。40年的时间里，沃特金斯和谢维尔在世界各地的海洋留下了他们的足迹，他们乘帆船接近鲸鱼（帆船的噪声比摩托艇小），将无线电追踪器固定在鲸鱼身上，这样一来，他们就能掌握鲸鱼的动向了。沃特金斯和谢维尔，以及谢维尔的妻子芭芭拉合作发表了数百篇关于水听器的研究报告。直到今天，沃特金斯的海洋声学数据库（记录了70余种海洋哺乳动物的2万多种叫声）依然是军方训练声呐技术人员的重要资料。

沃特金斯和谢维尔的研究成果让科学家对鲸鱼有了全新的认识：这种动物的生活与声音密切相关。与其他许多海洋生物一样，鲸鱼用声音“看”世界。7 000多万年前，海洋哺乳动物的祖先从陆地重新回到生命的发源地——海洋。它们开始重新适应水下环境，在那里，声的作用远大于形。光在水下的传播不如在空气中理想，一旦距离超过100英尺（约30.48米），物体就变得模糊难辨，而声音在水下的传播速度却比在空气中快4倍。因此，海洋动物“听到”的比“看到”的远得多。经过漫长的进化，鲸鱼已经完全适应了海洋的声环境，并把声音作为捕猎、社交和躲避危险的主要手段。有些种类的鲸鱼能听到次声波，有些种类则能听到超声波。鲸鱼的听觉神经元密度是普通陆地哺乳动物的2倍，超高的听神经纤维总量意味着它们拥有优于包括人类在内的大多数陆地哺乳动物的复杂信号处理能力。正如康奈尔大学的生物声学家克里斯·克拉克所说：“鲸鱼是听觉大师。它们对外界和自我的感知都基于声音，而非图像。”

* * *

鲸目动物（海洋哺乳动物，包括鲸鱼、海豚、鼠海豚等）的声交流（方式）大致可以分为3类。第一类是社交呼唤，这类声音有相当一部分人耳可闻。在人类听来，这些声音可能像哨声、脉冲的吱吱声或尖叫声，但种类十分丰富。比如，刚出生的虎鲸宝宝就会咿咿呀呀地“说”个不停，几个月大的时候，它们会开始模仿家庭中其他成员的声音。和人类一样，虎鲸也能通过声音识别个体、交换信息、协调“社会”关系。每个鲸群都有自己的“方言”，这种“方言”是动物世界里最复杂的文化交流系统之一，小鲸鱼需要用数年的时间向母亲学习和掌握；同一个鲸群的成员会在一起生活终老，因此，“方言”是它们身份认同的一部分，更是一种强大的文化纽带的象征，“口音”不同的虎鲸很少长时间待在一起。不同鲸群的“方言”区别很大，科学家（甚至受过训练的业余爱好者）只靠耳朵就可以分辨。一些鲸鱼的叫声非常洪亮，比如抹香鲸。它们是世界上“嗓门”最大的动物，声音可以超过200分贝，比火箭发射和喷气式飞机起飞还要响（如果有谁在它们附近游泳，他的耳膜很可能被震破）。

第二类是回声定位，也称生物声呐。使用这种声音的主要是齿鲸亚目动物（包括70余种齿鲸，比如海豚、虎鲸、鼠海豚和抹香鲸等）。生物声呐（在我们听来像是一连串节奏很快的咔哒声）是这些动物掌握周围情况的手段：它们发出高频声波，然后分析回声情况，以确定物体的距离和方位——就像医生使用超声波仪器一样。齿鲸亚目动物（还有其他一些动物，比如蝙蝠）不仅可以通过回声定位观察环境、确定方向、寻找猎物，甚至还能“透视”其他动物的身体。虎鲸会用声音持续观察四周，就像人类用眼睛四下张望一样。它们通过回声定位锁定快速游动的鱼群、发现正在靠近的船只，这是它们赖以生存的能力。正如克拉克所说：“心灵之耳正是它们的心灵之眼。”

第三类是须鲸亚目动物发出的悠长、低沉、有节奏的声音，即“鲸歌”。这些“歌曲”是动物王国中最复杂的声音表现形式之一，也曾被认为是雄性求偶的一种方式。有的须鲸只用次声波歌唱，也有一些须鲸的歌声在人类能够听到的频率范围。目前，人类研究得最多的是座头鲸的歌声，不过，须鲸家族的其他成员也各有独具特色的歌曲。鲸鱼发声模式的差异体现了进化的精妙——它们在不同深度的水下生活，所处的环境和环境的声音特性也存在差异，而进化却总能找到不同环境下的最佳平衡。对生活在海洋深处的鲸鱼来说，它们的声音必须足够简单以保证远距离传播；而生活在较浅水域的鲸鱼则需要形式和频率更为丰富的声音来通信、导航，因为这一深度的海洋声学特性决定了声音的传播距离相对有限。鲸歌有长有短，如果座头鲸和弓头鲸是善于吟诵十四行诗的诗人，那么蓝鲸和长须鲸就是大海里的禅宗大师。

考虑到风暴、洋流、海水的腐蚀性等因素，除了海军，很少有人有足够的时间、金钱和远见去记录鲸鱼的声音。笨重的开盘式录音机（大约有小号行李箱大小，而且不防水）让这项任务变得更加困难。虽然美国在 1991 年之后解密了部分声监测系统的早期录音，但大部分信息仍属于保密范围。人类对发生在鲸鱼身上的生物声学现象仍知之甚少，直到一次意想不到的事件将鲸歌推向了世界。

鲸歌——白金唱片

1967 年，科学家罗杰·佩恩和妻子凯蒂·佩恩一起来到了百慕大观鲸，这次好奇之旅的起因是一次不愉快的经历。凯蒂是受过系统训练的音乐家，罗杰则是专门研究蝙蝠和猫头鹰的生物声学家。罗杰的老师唐纳德·格里芬发现蝙蝠能使用人类听不到的声波进行回声定位，罗杰追随格里芬的脚步，在康奈尔大学取得了博士学位，并成为一名颇有建树的科学家。可他时常对自己所从事工作的价值感到怀疑。他后来回忆："我的研究在我自己看来很有意思，但它似乎不能为保护自然做出什么贡献。"

一天晚上，罗杰在实验室一直工作到深夜，他在广播里听到有一头死去的鲸鱼被冲到了当地的海滩上。当他赶到那里的时候，鲸鱼已经被肢解了。它的尾鳍消失了，可能被人当作纪念品割了下来；有两个人把他们名字的首字母深深地刻在了鲸身侧面；还有人把雪茄烟头插进了鲸鱼的喷水孔。“我取下烟蒂，就站在那里，久久无法释怀。”罗杰又写道：“每个人都至少经历过一次改变人生的时刻，那天晚上对我而言就是如此。虽然当时碰到人类的鲸鱼大都没有好的遭遇，但那是压垮我的最后一根稻草，我决定好好研究鲸鱼，让它们少经历一些这样的命运。”

罗杰“觉醒”时，商业捕鲸仍在持续。第二次世界大战后，工业渔船逐渐遍布世界各地，即便是曾经难以抵达的南极地区，鲸鱼的数量也在快速下跌。然而，佩恩夫妇从未见过活的鲸鱼，也不知道该去哪里寻找它们。幸运的是，纽约动物学会的受托人之一——百万富翁兼内科医生亨利·克莱·弗里克二世给了罗杰一个提示。在协会的一次会议上，弗里克随口说道，自己和家人在百慕大的私人海滨别墅里经常看到座头鲸在近海游动。

佩恩夫妇立刻登上了去百慕大的飞机，抵达之后，弗里克的联络人把这对夫妇介绍给了一位名叫弗兰克·沃特林顿的海军工程师。沃特林顿的祖先是捕鲸人，在大约17世纪来到了百慕大定居。20年前，沃特林顿开始在百慕大南安普顿区的海军水下系统中心工作，负责一个海军监听基地的运行，他在这些年里一直坚持收集数据，把工作之外的大把时间奉献给了这片他深爱着的海洋。

* * *

有一天，沃特林顿把船开到了比平时更远的地方，把水听器放入了比平时更深、距离水面以下 1 500 多英尺（约 457.2 米）的地方，他听到了十分怪异且令人难忘的声音。当地渔民听了这段录音后，告诉他那是鲸鱼的声音。沃特林顿从此便着了迷，开始年复一年地追寻这些声音。这不是一件容易的事。一开始，沃特林顿使用的留声机像是由许多个圆筒组成的机器，它能将声音记录在硬纸板上——机器安装了可以发热的笔尖，能在涂了蜡的纸面划出痕迹。记载着海洋之声的纸片就像一幅幅蚀刻版画，必须非常小心地保存。后来，他开始用成卷的半英寸（约 1.27 厘米）宽的磁带录音，每 24 小时就要用完整整一卷磁带。有时，他会让信任的人听录音的内容。但大部分情况下他选择保密，因为他担心长官发现他的收藏，也害怕商业捕鲸人利用这些声音诱捕鲸鱼。

但与佩恩夫妇接触后不久，沃特林顿就决定和他们分享录音的秘密。沃特林顿在船舱里向两人公开了录音，凯蒂后来回忆："我们从未听过那样的声音。眼泪顺着脸颊滑落，我们感到无比惊讶、震撼。那些声音是如此美妙、强大、丰富。后来我们得知，那些声音竟然都属于同一种动物。"他们能够猜到那是座头鲸的声音，而且作为科学家，他们也有求证的能力。后来，沃特林顿将一份数百小时的录音副本送给了佩恩夫妇，并且提出了一个要求："救救鲸鱼。"

回到家中，佩恩夫妇一边照顾 4 个年幼的孩子，一边整理录音，常常一听就是几个小时。在反复听了不知多少次后，凯蒂发现这些声音有规律可循，于是便开始不厌其烦地记录、描述它们。她发现鲸鱼的歌声就像人类的音乐一样复杂，罗杰起初对这一观点表示怀疑，但很快就被说服了。鲸歌自有其内部结构，有进一步分析的价值，但两人面对的是长达数百小时的录音，而且他们对鲸鱼的声音并不精通，该怎么办呢？为了完成这项艰巨的任务，佩恩夫妇决定向普林斯顿大学的好友斯科特·麦克维求助。麦克维为两人提供了一台相对简易的声谱仪，它可以将录音切分为 3 秒一段的片段，并打印出频率与时间的二维频谱。很快，凯蒂用这台机器打印出来的纸张就铺满了客厅的地面和墙面。终于，这个长达 31 年之久的录音被全部分析完毕。凯蒂从声谱仪吐出的纸条上裁剪出音乐特征明显的片段，然后反复听这些"歌曲"，直到能分辨出鲸鱼个体的声音，找到歌曲中重复出现的形式。鲸歌的时长在6分钟到半小时不等，它们总是重复同一首歌，有时甚至能连唱几个小时。与人类创作的优秀曲目一样，鲸歌也有乐句、主题、高潮，以及具有渐强和渐弱的特点。凯蒂在充分了解这些信息之后，开始学唱这些歌曲，她栩栩如生的表演总能让观众惊叹：她竟然能发出如此悦耳的天籁之音。

佩恩夫妇和麦克维在《科学》期刊上联合发表了一篇具有里程碑意义的论文，他们明确指出鲸鱼的呻吟和哀嚎并非随机发出的声音，这些丰富的声音有着复杂的结构和节奏，就像人类的音乐。他们故意用“歌曲”这个争议性的词语来形容那些“以相当的精确度反复出现”的“美丽而丰富的声音”。这一暗示着鲸鱼拥有深度交流能力的观点在科学界掀起了轩然大波，引来了众多科学家围绕这个大胆的论断展开了激烈辩论。

在此之前，虽然已经有研究指出鲸鱼的声音十分复杂，但很少有人将它们与人类的音乐类比（因为这种说法有人类中心主义的嫌疑，主流科学家大都选择回避）。在许多研究人员看来，说鲸类动物能创造“美丽的音乐”实在有些激进，不过，他们也感到在形容鲸鱼的声音时完全避开与音乐相关的比喻几乎不可能。在第一篇关于研究加拿大北部海域白鲸声音的论文中，研究人员只是谨慎地将它们发出的吹哨声、尖叫声、喵喵声、啾啾声、滴答声、咯咯声和尖锐的拍打声描述为钟声、管弦乐队的调音声、一群孩子在远处喊叫的声音。虽然音色多变的白鲸有“海中金丝雀”的称号，但研究人员还是没能将这些声音比作音乐，更没有做出白鲸具备交流能力的推测。

但佩恩夫妇拒绝向这种学术默认妥协。他们带着 4 个年幼的孩子搬到了阿根廷，定居在巴塔哥尼亚的海岸，此后的 15 年里一直研究鲸鱼的声音。他们要收集能够证明鲸歌与它们复杂的社会组织有关，以及在同一鲸群内部和不同鲸群之间都存在文化传递的证据。后来，凯蒂有了一个惊人的发现：生活在同一海域的雄性座头鲸会在繁殖季节唱同一首歌。不仅如此，鲸歌还在不断地发展变化，经过几年时间，5 年、10 年前录下的歌曲就彻底消失了。她还发现较长的鲸歌存在一种类似诗节（或韵律）的内部结构，这一结构以固定的间隔或是在句子的首尾反复出现。这种押韵式重复预示着鲸鱼很可能和人类一样，会在较长的歌曲中加入便于记忆的词句。在凯蒂收获这些发现的几十年后，座头鲸的歌曲传唱为这一物种存在着全球范围的社会互动、鸣唱学习和文化进化现象提供了有力证明：一首起源于太平洋某一海域的鲸歌可以逐渐传遍整个洋盆的座头鲸群。科学家们尚未完全掌握这种“歌曲传唱”的发生机制，但可能性最大的两个原因是鲸鱼个体在不同鲸群间迁徙，或是鲸群在迁徙途中接近其他鲸群时学会了它们的歌曲。

* * *

考虑到商业捕鲸活动仍在持续，佩恩夫妇迫切地希望让更多人关注鲸鱼的困境，他们想出了一个不同寻常的方法——将鲸歌录音制成了专辑。这张名为《座头鲸之歌》（*Songs of the Humpback Whale*）的唱片于1970年发行后大获成功，它不仅多次获得了白金唱片的认证，并且是有史以来最畅销的自然历史唱片。在唱片的介绍中，鲸鱼的声音不仅被比作了音乐（“充满活力，滔滔不绝的声音之河”），还特别突出了沃特林顿的早期录音——一首名叫《鲸鱼独唱》的作品。这些录音的公布是一个具有里程碑意义的事件，让人类对动物世界的认知发生了根本性转变。世界上最大的生物在深海中歌唱的声音吸引了全世界的注意，随之而来的辩论加深了人们对捕猎鲸鱼，用鲸油制作口红、润滑发动机的顾虑，也让更多的人开始呼吁禁止工业捕鲸。

1971 年，罗杰·佩恩辞去洛克菲勒大学的教职，成立了“海洋联盟”，全身心地投入到保护鲸鱼及其生存环境的工作当中。他开始周游世界，向每一个感兴趣的人介绍鲸鱼之歌。他在后来回忆时说：“我想，如果能让这些声音融入人类文化，或许就能掀起一场拯救鲸鱼的运动。”而他的努力也的确引发了一场全球性运动：专辑发行后不久，绿色和平组织就发起了首次“拯救鲸鱼”活动。1972 年，在斯德哥尔摩举行的联合国人类环境会议上，与会者通过了一项呼吁暂停商业捕鲸十年的提案。1973 年，在美国首次发布的濒危物种名单和最新制定的《濒危物种国际贸易公约》中，几种鲸鱼赫然在列。在科学家和公众的双重压力下，国际捕鲸委员会终于在 1982 年决定中止商业捕鲸活动（该机构成立初衷是管理商业捕鲸）。国际捕鲸委员会的禁令就像一场及时雨，挽救了徘徊在灭绝边缘的许多鲸鱼物种。

几年后，罗杰·佩恩提出了一个更加令人震惊的观点：在理想的海洋环境下，一些鲸鱼的歌声可以通过水下声道传播数百，甚至数千英里（比如长须鲸和蓝鲸的声音比座头鲸更加洪亮）。罗杰与海洋学家道格拉斯·韦布合作，根据声音的音量和频率计算出了鲸声在水下的传播距离。可鲸鱼为什么需要远距离通信呢？罗杰猜测，部分鲸鱼进化出这种能力是出于摆脱缺乏交配地的困扰——如果可以跨越数千英里相互交流，它们就不再被局限于某个固定地点交配了。这种能力的出现也可能是为了便于捕猎，罗杰认为磷虾群的动向总是难以捉摸，远距离通信让鲸鱼可以共享“用餐位置”的信息。

大多数科学家对远程通信的说法表示怀疑。只有少数人，比如著名生物学家彼得·马勒，对罗杰的观点持积极态度。马勒表示：“罗杰的关于鲸鱼能跨越数百英里游到海洋的某个深度，用人耳难以捕捉的低频声进行交流，这种说法似乎令人难以置信，但这是世界各国的海军利用水下声信号系统已经做到的事情。”其他科学家大都认为罗杰是一个偏执的激进分子。罗杰本人后来曾表示：“那是我做过的最有可能毁掉我职业生涯的事。”

几十年后，克里斯·克拉克从解密的海军录音中找到了能够支撑罗杰的观点的证据。“我发现爱尔兰和百慕大的鲸鱼在唱同一首歌。”克拉克说：“我脖子后面的汗毛都竖了起来，心想‘天啊，罗杰是对的。’”海军的录音为罗杰的观点提供了无可辩驳的证据：长须鲸和蓝鲸能在广阔的海洋中跨越数百英里进行交流。

尽管人们对鲸鱼的保护意识不断增强，《海洋哺乳动物保护法》也于1972年正式通过，但海军的大部分录音仍是机密。科学家们开始研究其他鲸类动物，探究齿鲸（如海豚）和须鲸（如长须鲸）的差异，努力区分它们的声音的类别，如通信声、歌曲和回声定位声。许多工作涉及此前从未系统记录过的鲸鱼，比如，人类直到1972年才在南极第一次记录下小鰮鲸的声音，这段录音来自一只上浮到海面无冰处换气的小鰮鲸。研究人员还开始探索鲸鱼的声音和社会行为之间的关系。在20世纪80年代的一次具有里程碑意义的回放实验中，克拉克和他的论文合著者证明了南露脊鲸会对同伴们的叫声做出反应：他们将一只扬声器放入水下，发现当播放其他南露脊鲸的声音时，被观察的南露脊鲸会向扬声器靠近；如果改为播放座头鲸的声音或白噪声，南露脊鲸则毫无反应。

* * *

对科学家来说，了解海洋之声让他们对地球上最为神秘的生态系统——海洋——有了更加深刻的理解；对军方来说，这更是一项战略资产。水下生物发出的声音会干扰海军对敌对目标的识别，增加海军舰艇误伤鱼群等尴尬事件的发生概率。冷战时期，生物声学曾让美苏两国避免了一场冲突：美国军方监测到低频信号，认为是苏联正在对美国潜艇进行定位，便立即宣布进入警戒状态，但研究人员随后证实，那其实是长须鲸正在捕猎。

尽管海洋之声的研究价值不言而喻，但美国海军直到 1992 年才赞助了第一项旨在将海洋哺乳动物的声学信号整理归类的研究计划。正常情况下，军方以外的科学家无法进入海军的水下监听站。有少数研究人员在一些仍有鲸鱼活动的偏远地区建立了监听点，但他们的资源非常有限。北极西部是一个极少的例外，那里的鲸鱼曾一度因为人类的捕猎活动濒临灭绝。

在奥尔德里奇抵达巴罗角的一个世纪后，科学家来到这里，和当地的因纽特人一起研究鲸鱼。他们的研究发现引发了全球范围的争议，后续的辩论更是一直蔓延到了白宫。声音不再是捕杀鲸鱼的手段，而是理解这种物种的工具。

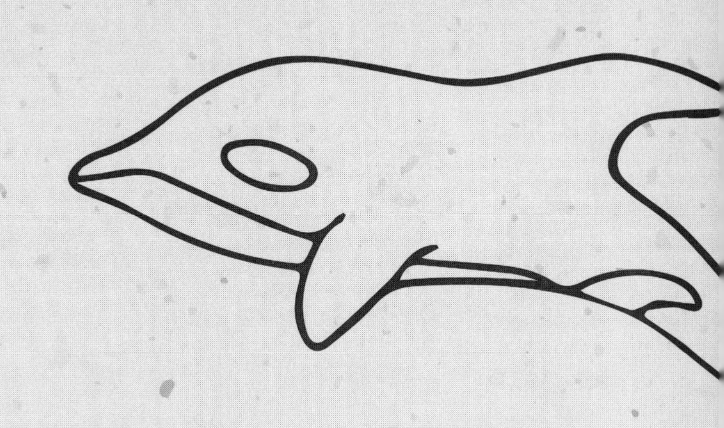

第二章

海洋笙歌

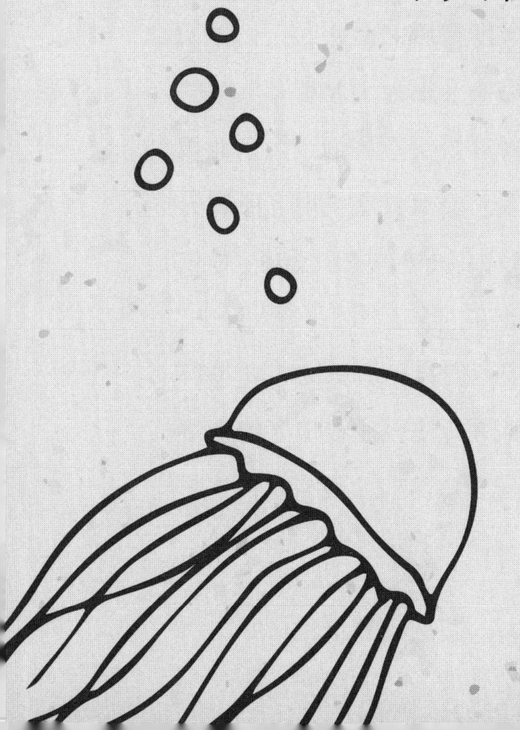

鲸鱼崇拜

在奥尔德里奇远赴北极的一个世纪后，南方的人们再次来到巴罗角寻找鲸鱼。当时，国际社会正为了北极弓头鲸的未来争论不休。1978 年，国际捕鲸委员会单方面禁止了北极地区的生存捕鲸活动。委员会认为，要挽救这一地区所剩无几的弓头鲸，禁止捕鲸势在必行。但因纽特人表示反对，他们认为鲸鱼种群状况良好，而且数量也在回升。在因纽特人看来，这些南方的科学家和政客意识到了他们自己所犯的工业捕鲸的罪行，所以就全面禁止捕鲸，而这却使得北极地区的土著居民遭受着惩罚。这些南方的科学家和政客完全没有意识到，自己所犯下的最严重的错误其实是对鲸鱼声音的漠视。

以维持生计为目的的生存捕鲸是因纽特人极力捍卫的权利。一头弓头鲸就足以保障整个村庄一年的生活。在不适宜发展农业的北极，富含蛋白质和维生素C等营养素的鲸肉和鲸脂对因纽特人的身体健康至关重要。放弃鲸鱼、另寻食物来源意味着数千万，甚至数亿美元的花费，这是因纽特人承担不起的。鲸鱼不仅是食物：鲸油是取暖、照明的原料，加热后可以弯折的鲸须能变成带子、皮艇框架、鱼叉绳和雪橇，鲸鱼皮可以做鼓面和衣服，它们的肋骨和下颌骨可以做屋顶和柱子，椎骨和其他骨头还能被改造成工具和护身符。在一些因纽特社区，人们将最大的鲸肋骨竖起来，拼成拱门的形状，表示家或社区的大门。正如巴罗角的老雷克斯·奥卡科克所说：“我们的祖先通过各种仪式，与鲸鱼和这片海洋建立了亲人般的联系……鲸肉是我们的食物，鲸歌是我们的音乐，我们就是鲸鱼。”

音乐与仪式，食物、工具与衣服，住所、温暖与光明——弓头鲸支撑着因纽特人的生活。当地人在狩猎前举行仪式，收获后分享猎物，弓头鲸始终是他们生活的重心。“在这里，让大家聚到一起的总是鲸鱼。”捕鲸队长的妻子梅·阿赫吉克说道。从行前准备到猎物处理，贯穿捕鲸活动的一系列仪式构成了当地独有的生活节奏。因纽特人语言里有一个短语叫“奇阿瓦拉奇普特 阿奇克”（字面意思是“进入捕鲸的生命轮回”），与文化地理学家榊原智惠提出的“鲸性意识”[①]含义相似，即鲸的意识与因纽特人的生活全面交融。此前的人类学家用殖民凝视的目光审视这种文化，称其为一种控制了北极西部的“鲸鱼崇拜”。

* * *

与鲸鱼相伴了千年的因纽特人相信自己比“外人”更加了解鲸群的情况。国际捕鲸委员会的科学家估计幸存的鲸鱼已不足600头，但因纽特人认为真实的数量是这个数字的几倍。当地的老人还记得一个世纪前鲸鱼几乎被捕尽的情景，他们坚定地表示情况已经有所好转。

为了掌握鲸群数量，生物学家们采用了在岸边观测与空中观察相结合的方法来计数。他们认为，鲸鱼为了避开坚冰，会把活动范围限制在狭窄的无冰通道（即冰间水道），因此，

① 原词cetaceousness由cetaceous（鲸类动物的）和consciousness（意识）组合而成，指人与鲸鱼在精神和身体等各个层面的交流。——译者注

岸边观测和空中观察是估算鲸群精准数量的最佳办法。但当地的捕鲸人并不认同，他们表示，每年有成百上千头弓头鲸经过乌特恰维克，其中许多都不是沿水道通行，而是在冰面下通过的。如果情况真如因纽特人所说，那么政府就大大低估了弓头鲸的数量。

因纽特人和国际捕鲸委员会的争论引发了全球范围的激烈辩论。20 世纪 70 年代中期，声势日益浩大的反捕鲸运动促使委员会对生存捕鲸（当地居民为获取食物而捕猎鲸鱼的行为）设定了更加严苛的配额。鲸鱼保护组织呼吁对北极西部的弓头鲸狩猎实行配额制管理，并组织了多场反对委员会的活动。1977 年，国际捕鲸委员会在没有征询因纽特人意见的情况下单方面取消了土著居民的生存捕鲸豁免。次年，他们更是将北极西部弓头鲸的捕捞配额完全取消。委员会表示，这一决定是基于北极地区仅剩几百头弓头鲸的评估结果做出的，如果继续允许生存捕鲸，北极地区的弓头鲸很可能消失殆尽。委员会在其位于英国剑桥的总部宣布：禁止生存捕鲸。这一决定让因纽特人无比震惊、愤怒，他们相信鲸群的实际数量要比西方科学家认为的多，并表示将坚决捍卫已经延续千年的捕鲸权。但委员会拒绝让步，没有对配额做任何修改。

这场争论的核心是两种相对的世界观：传统的整体主义

思想与西方的还原主义理论。因纽特人认为，统计鲸群数量的最佳方式是用几年的时间进行系统的生物声学调查。这是人类从未做过的尝试，科学家和监管机构都对这个方案的可行性表示怀疑，他们提议改用空中观察结合声呐探测的方法，但因纽特人坚决反对，理由是飞机和声呐会吓跑鲸鱼。他们认为生物声学更能保证统计结果的准确，但委员会拒绝采纳他们的意见。

不过，因纽特人没有妥协，他们成立了自己的组织：阿拉斯加爱斯基摩捕鲸委员会（意在挑战位于英国的国际捕鲸委员会）。在因纽特人的传统捕鲸管理体系中，每个海边村庄都有一名捕鲸队长，他们都被任命为委员。委员会启动了一项雄心勃勃的计划，这也是北极地区首次开展此类研究：有史以来规模最大、横跨数年、针对弓头鲸的生物声学研究项目。北坡自治区（一个新成立的由因纽特人管理的地方政府）聘请了两名科学家来指导这个项目。负责野生动物相关工作的汤姆·艾伯特，是来自宾夕法尼亚州的兽医；负责实地调查工作的约翰·克雷格黑德·乔治是来自科罗拉多州的生物学家，他还是一名登山爱好者，出身于一个著名的博物学家庭。

在主流文化认为海洋一片寂静的年代，科学家对海洋之声的追寻似乎是异想天开。但汤姆·艾伯特的思想比同龄人更加开放。他把当地猎手所说的鲸鱼和其他生物拥有丰富声音的故事看作科学假说，并设计出了求证所需的实验和设备。当地的因纽特猎手是艾伯特的重要实验伙伴：这些弓头鲸“监测专家”目光敏锐、记忆准确、极富耐心，能够从天空、大地、风、水中捕捉到细微信息。一位名叫哈里·布劳尔的因纽特老人设计并指导了大部分研究。尽管一些当地猎手心存疑虑，但布劳尔坚持让西方科学家、猎手和掌握传统知识的人相互配合，一起参与鲸群普查。艾伯特后来回忆：

> 1978年，在我刚刚开始研究弓头鲸的时候，哈里用了大量时间为我讲解有关弓头鲸的知识，给了我许多帮助。他不仅了解鲸群在结冰水面的前进习惯，也熟悉鲸群在春季经巴罗角迁徙时的行为特征，他的知识对普查工作具有重大参考价值，为研究设计奠定了重要基础。实际上，我们所做的就是用数年的时间和投入大量的金钱，以科学的方式验证他通过野外观察已经得出的结论。

这项研究的首席生物声学家是康奈尔大学的克里斯·克

拉克教授，当他接到与佩恩夫妇一同前往巴塔哥尼亚记录鲸鱼之声的邀请后，便毅然决然地放弃了教职。当因纽特人伸来橄榄枝时，克拉克已经凭自己的努力成为一名知名的鲸鱼研究者；他欣然接受了前往北极的邀约。克拉克知道，巴罗角附近水域是鲸鱼的理想栖息地，全世界规模最大的海洋迁徙之一就经过这里——这是白令海峡的北面出口，也是西伯利亚和阿拉斯加西部相邻的地方。在那冰天雪地的极北之境，一年中的大部分时间都见不到阳光。而当太阳终于在春天回归的时候，冰层便开始向北消退。北太平洋的海水在靠近海岸的地方翻涌，将南部的温暖海水与冰冷却富含营养物质的北极上升流混合。这一融合催生了地球上规模最大的“物种繁荣”：浮游植物大量繁殖，为数百万浮游动物提供了食物。这些“繁荣”又集中在巴罗峡谷，而那里正是弓头鲸每年迁徙的目的地。它们长长的鲸须能从海水中过滤出这些微小生物——极大的动物吃着极小的食物。浮游动物还养活了甲壳类动物和鱼类，而后者又是白鲸、海象、海豹、熊，还有数百万只迁徙的潜鸟、北极燕鸥和黑腿三趾鸥的美食。这里的生物多样性几乎可以和非洲大草原媲美。

克拉克想，既然食物如此丰富，那么弓头鲸应该出没于此，甚至数量很多，但他需要一种方法来验证自己的假设。

因纽特鲸群普查小组的目标雄心勃勃，又不无冒险，他们希望通过一项跨越数年的实验来证明全新的观测方法（生物声学与传统知识相结合）比传统的视觉观察更能准确统计弓头鲸的数量。在因纽特人的引导下，科学家们在冰面上建立了多个监测站，同时监听鲸鱼的声音。他们想要的结果只有一个：一次准确的鲸群普查。

理论上看，这项计划并不困难。但在实践当中，冰面上的研究人员时常感到自己在和大海“打仗”，而且结果总是“铩羽而归”。为了配合鲸鱼每年向北迁徙的时间，监测必须从4月开始，而那时的日间温度还在0℃以下。研究人员为笨重的录音设备搭起简易的封闭小棚，再把设备和棚子固定在雪橇上；在因纽特向导的带领下，雪地摩托拖着研究人员和设备跨越复杂的地形，驶往不同地方。他们想跟上移动的鲸群，却总是被变化莫测的岸冰阻挡。

* * *

在冰上前进至预定地点不过是“战斗”前的准备工作，真正的挑战是收集足够的声学和视觉数据以证明生物声学方法能得出准确的结论，只有完成了这一步，鲸群普查才能真正开始。视觉观察小组的研究人员跟随移动的“雪橇棚屋”在高压冰脊上穿行，他们的任务是在4个月的时间里每天24小时监测并记录目击鲸鱼的情况。声学监测小组则要前往海冰边缘，或是在冰层更厚、更安全的地方钻孔，将水听器放入大海，通过无线电接收信号。由于冰面边缘时刻都有破裂的危险，研究人员必须做好接到警报就立即转移的准备。在0℃以下的环境，使用雪地摩托、发电机、经纬仪（一种能够精确测量水平和垂直平面上的夹角的仪器）、连接卫星的全球定位系统以及精密的水听器都必须格外小心。

但因纽特人对于自己的家园了然于胸。冰面融化和移动让研究人员和他们的棚屋、雪橇时刻面临着落水的风险。研究人员轮班监测，对于在极昼下工作的人来说，睡眠是一种奢侈。一名研究人员回忆：“这就像打仗一样。我们刚刚调好设备、搭好棚屋，突然，海冰撞了过来，让我们损失了所有装备，什么都没剩下。我们用的是铅酸电池，光电池就有50磅（22.68千克）重。电池液漏了出来，把我们的衣服全毁了。”棚屋被撞得粉碎，电池在坚冰面前也不堪一击，被撞出了一个大洞。几十人必须共同努力才能完成设备组装、营地维护、移动观测等任务，还要有人专门监测北极熊和冰的动向——这些危险因素可能在几分钟内摧毁整个营地，或是让浮冰断裂，把观察人员带入大海。一年的成果可能在顷刻间毁灭。而即便历尽艰险成功获取了数据，后续工作也烦琐得惊人：研究人员需要将声谱图（显示声音频率随时间变化情况的图表）与视觉观察结果进行比对，这一过程不仅需要人工来完成，还可能会花费数月的时间。

尽管如此，许多科学家依然在孜孜不倦地追寻海洋之声。研究人员在因纽特人的帮助下选定安全的监听地点，慢慢地，他们发现北极原来别有景致。起初，他们觉得冰上危机四伏，但在这样的环境下工作了几天，几周，甚至几个月后，情况就有了改变。因纽特人韦斯利·艾肯曾这样形容：海冰就像一个美丽的花园，人们可以在这里找到食物、游玩嬉戏、享受家的感觉；这是一个带有特殊的物质、情感和精神意义的地方。克拉克后来回忆：

> 把水听器放入大海，你将听到许多声音在竞相歌唱。就像是暮色带[②]，一个世外桃源，那里有白鲸、弓头鲸、髭海豹，还有海冰。你会感叹："哦，天哪，这简直是冰下丛林！"

---

② 暮色带是海面下 200 ～ 1000 米的一段水域，物种尤其丰富。——译者注

克拉克并不是第一个听到鲸鱼在水下歌唱的人。当他把耳机递给因纽特向导时，对方已经知道是哪些动物的声音了。克拉克说："因纽特人会把桨叶放进水里，通过用下巴抵住桨杆末端来听水下声音。"水听器的工作方式与船桨不同：前者测量声音的数字量，后者感知声音的模拟质量。水听器能准确找到鲸鱼的位置，而因纽特人通过自己的方法也能获得相近的信息。他们已经非常熟悉鲸鱼的各种声音——咕噜声、脉冲声、咕哝声、呻吟声，还有穿插着旋律的断断续续的爆破声。克拉克开始注意到因纽特人早已知晓的事实：弓头鲸也会唱歌，而且它们的歌声很可能与人类研究得更多的座头鲸鲸歌媲美。

* * *

海洋中的背景噪声给科学家的工作带来了诸多挑战。冰、风、海豹、海象，还有其他许多动物都在发声，如此繁多的声音让解析工作变得困难。研究人员几经尝试，才用水听器阵列成功探测到发声鲸鱼的精确位置。1984 年，研究小组有了重大突破。那一年，海面冰层极厚，没有无冰区域可供鲸鱼换气，人们目击到的鲸鱼也只有 3 头。但声学录音显示至少有130头鲸鱼从冰面下方经过了巴罗角。2年后，小组再次遇到了类似情况，他们监测到了50 552头弓头鲸的声音，但视觉观察组目击鲸鱼的次数却很少。生物声学数据分析使用的统计方法可以跟踪鲸鱼在水下移动的“轨迹”，避免了重复计数，保证了结果准确。由此，参与实验的科学家们验证了因纽特人的假说：声学数据可以准确评估迁徙的弓头鲸数量，此前西方科学家的视觉普查结果是错误的低估。

在西方科学家和国际捕鲸委员会看来，这个结论不合逻辑，鲸鱼怎么可能在冰层厚达几十英寸时向北迁徙？这个问题的答案因纽特人早已掌握。猎手们把科学家带到了可以观察到鲸鱼冲破冰层的地方，它们巨大的弓形头颅可以顶破几英寸厚的冰层。因纽特人解释道，鲸鱼在水下通过视觉和声音信号确定方向，选择合适的破冰地点浮上水面呼吸。科学家们还为弓头鲸头部的奇特形状（这一物种的名称来源）找到了一种合理的解释：它能起到类似攻城锤的作用。

因纽特人还揭示了另一个存在已久的科学谜题——弓头鲸的气孔作用：突出的气孔让它们只需通过很小的冰面开口就能够换气。在冰面上足够安静的时候，因纽特猎手可以听到鲸鱼通过冰面的洞口，或是在冰脊下方高于水面的隆起处呼吸的声音。北极东部的因纽特猎手不仅能远距离分辨鲸鱼的呼吸模式和声音，还能通过观察盘旋在冰面上的北极燕鸥确定鲸鱼的位置：换气的鲸鱼会把小型海洋动物一起带到水面，为燕鸥提供食物。经过几个世纪的打磨，听鲸已经成了一门精妙的艺术。

因纽特人相信，鲸鱼也在倾听人类的声音。这就是为什么传统的海豹皮艇（用帆而非马达驱动）仍是他们狩猎装备的首选。当时，人类掌握的有关鲸鱼听力的科学证据有限，对它们的听觉机能也不甚了解。但后来的研究证实，弓头鲸对虎鲸、柴油发动机、靠近的破冰船、远处的钻探船、挖掘作业，甚至遥远的气枪勘探发出的声响都会做出反应。因纽特人的观点再次被证明是正确的。

不光如此，因纽特人对鲸鱼另一方面的了解同样胜过了西方科学家，那就是鲸鱼的社会生活。猎手们相信鲸鱼拥有属于它们自己的复杂社会，而鲸歌则是它们代代相传的文化符号。某海军研究实验室发现了一个能够支撑因纽特人观点的证据：研究人员在提取鲸鱼的组织样本的时候，发现其中一些鲸鱼的身上还残留着石制矛尖。因纽特人从 19 世纪 80 年代开始使用金属鱼叉，这意味着这些鲸鱼已经有 100 多岁了。这一发现让科学家们及时调整了弓头鲸的年龄测算方法，提高了测算精度，将弓头鲸的正常寿命确定为 150 岁左右——

全世界最长寿的哺乳动物就此诞生。研究结果显示，其中一头鲸鱼已经超过了200岁，而这对因纽特人来说并不是新闻：每年，他们都在巴罗角迎接同样的鲸群，他们了解每一头鲸鱼的特征，也会把这些信息告诉自己的后代。因纽特人曾质疑西方科学家对鲸鱼寿命的估算，这一次，再次印证了他们的远见。对于这样一个长寿、幼崽和母亲的共处时间长达数年的物种来说，文化传播假说似乎天然具有更高的可信度。后来的一系列生物声学研究表明，不同鲸群的歌声也不相同，就像不同人群各自拥有方言一样，由此，因纽特人关于鲸群的文化行为和文化传播能够代际传递的说法也得到了证实。

* * *

随着科学家们聆听鲸歌的时间越来越长，他们逐渐意识到因纽特人最具争议的观点也是正确的：北极鲸群的实际数量远比西方科学家和国际捕鲸委员会认为的多。鲸鱼既不怕冰，也不会只沿无冰水道前进，它们能长时间在冰下游动，必要时就撞破冰层呼吸。生物声学为系统的鲸群普查奠定了坚实基础，证明了因纽特人一直以来的观点是正确的：鲸群的实际数量比单纯的视觉观察结果要多出许多。事实上，游经巴罗角的弓头鲸数量是西方科学家此前估计的数倍之多。极低的捕鲸配额让当地猎手不得不面对食物短缺和可能被逮捕、监禁的双重困境，经过了多年的研究和忍耐，因纽特人终于可以扬眉吐气了。

起初，国际捕鲸委员会仍对这一结果半信半疑，但最终还是在无可辩驳的证据面前不得不选择接受现实。种群数量正在增长的好消息，意味着因纽特人终于可以重启生存捕鲸活动了。西方科学家认可了传统知识的作用，与当地人开展了一系列后续合作；美国政府重新调整了捕鲸配额，在联邦法律中将因纽特人以生存为目的的弓头鲸捕猎定性为合法活动。数十年积累下来的声学数据让科学家得以全面掌握弓头鲸的数量回升情况，直到今天，这些数据仍是科学家了解鲸群数量，判断捕鲸活动是否可持续的重要参考依据。与此同时，因纽特人从未停止对捕鲸自主权的追求，他们积极游说国际捕鲸委员会修改相关规定，委员会也终于在 2018 年宣布土著居民永久享有生存捕鲸权（但必须符合鲸群健康评估标准）。委员会还认可了捕鲸在因纽特文化中的基础地位；经过 40 余年的辩论，委员会终于承认了“捕鲸在当地人生活中所起的基础作用是其他任何活动都无法比拟的。”

虽然因纽特人赢得了与国际捕鲸委员会长期论战的胜利，

但威胁弓头鲸生存的新的因素又出现了。船舶带来的海洋噪声污染每10年便增加1倍，而海洋噪声每增加1倍，鲸鱼的通信半径就缩小1/2。例如，1 000英里（约1609千米）的声学半径会在20年后下降至250英里（约402千米），同时缩小鲸鱼活动、觅食、寻找伴侣的范围。除船舶噪声外，其他许多人类活动（如使用水下气枪勘探石油和天然气时所发出的震耳欲聋的声音）也在污染海洋声景。这些都是导致鲸鱼的生存范围急剧缩小的原因。克里斯·克拉克的研究重心逐渐转向了环境噪声污染的影响，也就是他所说的“声雾霾”。如今，北极冰面不断萎缩，船只往来也更加频繁，克拉克担心这些环境噪声会最终掩盖鲸鱼的声音。

北极居民也在担心气候变化对自己造成的影响，他们居住的地方是地球上最变幻莫测的地区之一。海水升温导致海冰消融，让剩余海冰的动向变得更加难以预料，给猎手和游客造成了巨大威胁。海冰减少还意味着航运增多，通过白令海峡的船只数量在过去10年明显上升。这些船只的到来给鲸鱼的生存制造了新的难题：噪声、垃圾、被渔网缠住和被船只撞击的危险。科学家认为，海水变暖迫使虎鲸向更北的地方迁徙，且它们开始迁徙的时间变得更早，而这将扰乱弓头鲸的迁徙。一些研究人员认为（尚存争议），无冰的北极将变成弓头鲸的“炼狱”。2019年，北极经历了有史以来最热的夏天，冰量也创下历史新低。那一年，没有一头弓头鲸经过巴罗角，它们要么在近海徘徊，要么根本不向北迁徙。曾经，海冰是它们躲避工业捕鲸船的天然屏障，但气候变化已经让它们无处可藏。

数字鲸鱼

一些当地长者，比如哈里·布劳尔和阿拉斯加爱斯基摩捕鲸委员会主席乔治·农沃克，用自己的一生见证了由因纽特人发起的声学研究的数字化转型历程。每年，布劳尔都会用海豹皮艇把猎手们带到海上，教他们用传统方法聆听和观察鲸鱼；农沃克则见证了研究手段的数字化发展：科学家已经开始在北冰洋使用先进的卫星遥测技术、三维运动标签、无人机和被动声学监测技术来全年追踪鲸鱼。北极鲸鱼的研究之所以进入数字化的新阶段，这既得益于冷战的结束，也与美国政府允许部分军事资产转为军民两用的决定密切相关。美国海军允许民间研究人员使用他们的声监测系统（即海洋水听器网络）追踪鲸鱼并记录鲸歌，这为科学家们提供了极大帮助，让他们拥有了在世界范围内追踪鲸鱼的能力。声监测系统的成功促使人们着手研发灵活度更高、成本更低的民用监测网络；研究人员开发出了一种能够连续工作一年的自动录音设备，并计划将它投入世界各地的海洋中。

这一进步的直接结果是鲸歌资料数量的激增，研究人员根本无暇应对。面对海量数据，为了减轻，甚至彻底免去人工检索的负担，科学家开发出了自动化软件算法进行数据分析。到 21 世纪初，巴罗角的研究人员在自动化办公条件下轻松了不少。科学家还以深度神经网络为基础，开发出了多种能够自动将海洋哺乳动物的声音进行分类的新型机器学习算法。即便这些算法的分析对象是相对较小的数据集，它们也能保证更低的误差概率和更高效率的声音检测能力；只需某一地区数天时间的录音，分析工作就可以进行。此外，研究人员还找到了提高自动算法准确性的新方法——利用深度学习给录音“降噪”，这一方法的本质是去除被动声学记录中的常见噪声。

* * *

海洋生物声学的研究范围正在不断拓展。通过声学记录，科学家可以跟踪掌握鲸鱼全年，而非某一季度的动向，从而了解鲸鱼、鲸鱼的栖息地和人类活动之间的相互影响。大量的数字生物声学技术被应用于监测水下声景，不过，迄今为止一些最有价值的发现则是通过微型数字技术获得的。数字声学记录仪，也称“声音和方向传感器”，就是一个绝佳的例子。数字声学记录仪由一个微型水听器、一个加速度计、一个磁力计和许多固态存储器组成，它的非侵入式吸盘能牢牢吸住鲸鱼的背部，机身也能承受深海的高压。数字声学记录仪可以随鲸鱼一起潜入海面以下 1 英里（约 1.6 千米）处，全程记录鲸鱼的声音、动作，包括它们的下潜深度、周围温度、行进方向、游动速度、每一次的转身翻滚，甚至尾部摆动。记录仪还会同时记录周围环境的声音，帮助科学家了解海洋哺乳动物对外来噪声的反应。通过自动算法对数字声学记录、被动声学监测和卫星定位等数据进行综合分析，人类可以准确掌握鲸鱼的位置，误差不超过几十米。有时，这些算法仅凭声音特征就能识别出鲸鱼个体——就像一个鲸鱼的语音识别系统。

数字声学记录让人类对鲸鱼的行为有了全新的认识，其中一些发现甚至令经验最丰富的科学家也意想不到。比如，科学家过去只知道鲸鱼能“高声交谈”——使用水下传播距离远，很容易听清的低频声进行通信。但美国雪城大学生物声学和行为生态学实验室的负责人苏珊·帕克斯想知道鲸鱼是否还能发出其他相对安静的声音。她将北大西洋露脊鲸选做研究对象，这种鲸鱼是露脊鲸家族的一员，也是弓头鲸的近亲。和弓头鲸一样，北大西洋露脊鲸的游速很慢，总是在浮上水面换气时遭到捕杀，因此，它们的名字也有“适合捕猎的鲸鱼”[③]的意思。它们的传统栖息地集中在美国波士顿到佛罗里达之间的东海岸，这也是它们容易遭受围猎的重要原因之一。

帕克斯猜想，天敌极少的成年北大西洋露脊鲸没有“低声细语”的必要。不过，它们的幼崽仍有被虎鲸和鲨鱼偷袭的危险。露脊鲸大都在靠近海岸的浑浊水域生活和觅食，那里能见度低，虎鲸和鲨鱼很可能是通过鲸鱼幼崽的声音发现它们的。既然如此，帕克斯想，小鲸鱼会不会为了躲避猎食者而“呢喃细语”呢？

在一项实验中，帕克斯和她的团队成员连续数年来到佛罗里达州和乔治亚州海岸附近的鲸鱼繁殖地，这一水域也是白鲨和虎鲸的聚集地。队员将数字声学记录仪固定在鲸鱼母

③ 北大西洋露脊鲸的英文名为：North Atlantic right whale，有“北大西洋适合捕猎的鲸鱼”的意思。——译者注

子和附近没有幼崽的其他鲸鱼身上。在分析了数百小时的记录后，研究人员发现鲸鱼母子的“对话声”是他们从未听过的。带着幼崽的鲸鱼母亲发出的声音简短而柔和，好像从喉咙发出的咕噜声，只有靠近才能听见。“这些声音就像人类的耳语。”帕克斯说，“通过这种方式，鲸鱼母亲和幼崽既能保持联系，又能避免引起周围潜在捕食者的注意。”

研究发现弓头鲸也是“高音歌手”，它们的歌曲不但有高音，而且和更加有名的座头鲸鲸歌一样，歌曲的旋律也在不断地发展变化。少数情况下，弓头鲸会在一年内唱不止一首歌，它们的歌曲非常复杂，包含多个同时发出、和谐却又相互独立的声音。如果座头鲸是海洋中的歌剧明星，那么弓头鲸就是大海里的爵士歌手。弓头鲸的歌声极富变化，科学家不仅可以通过它们的歌声统计鲸群数量、追踪鲸群动向，还能了解鲸群的社会结构、健康状况和行为习惯。正如鸣禽多样性是一个广为人知的种群生存能力评价指标一样，弓头鲸鲸歌的多样性和复杂性也能反映出各种负面因素对北冰洋造成的实际影响。

这些研究的实现得益于数字记录设备与以人工智能为基础的自动计算技术的融合运用。当代鲸类研究将成为超级计算机与生态学优势互补应用的典范。由于鲸类动物生活在海洋里，追踪它们并不容易。动物研究人员可以在陆地上用数年时间观察大猩猩、猩猩或狮子的行为，他们可以暗中观察，也可以大方活动，让动物慢慢熟悉他们的存在。但海洋研究更加困难：船只无法“隐身”，科学家们也不能下潜至深度为6 000英尺（约1 830米）的地方与鲸鱼共游。直到最近，这些客观情况依然是难以克服的科学难题。但数字声学记录仪等设备为科学家打开了一扇可以窥探鲸鱼秘密的小门，让人类对难以触及的深海生态系统有更多了解。学者詹妮弗·加布雷希发现，动物已经成为遍布各地的传感器网络的一部分。“生物体与计算机变得密不可分。”加布雷希写道，“它们既是传感器的载体，也是自然数据库和信息库的钥匙——动物的感官生态学是人类许多重要技术突破的灵感来源。”现在，人类可以像鲸鱼一样用耳朵而非眼睛感知海洋。生物声学设备就像数字翻译机，让我们得以感知声景，理解海洋居民的歌声。

梦之鲸鱼

数字生物声学虽让人类在了解鲸鱼的进程中迈出了重要一步，但我们和鲸鱼的距离依然遥远。人类通过数字技术与鲸鱼建立的联系就像偷窥者与被窥者的关系。要真正了解鲸鱼，科学家必须像因纽特人一样近距离接触它们。只有通过实战，猎手才能获得经验。今天的因纽特人依然乘坐海豹皮艇或铝制小船捕猎，这些船比鲸鱼小得多；他们使用的鱼叉在鲸鱼面前就像螺丝刀在人类手中一样（尽管现在的鱼叉通常有可以爆炸的尖端装置）。捕猎时，因纽特人会花很长时间观察鲸鱼，然后在鲸鱼的注视下慢慢地靠近它们。鲸鱼有时会改变姿势，方便猎手用鱼叉击中自己，有时则会游走。猎手说，鲸鱼也在观察人类，就像人类观察它们一样。

因纽特人知道鲸鱼也有复杂的社会、社交和情感，这种将鲸鱼视作与人类无异的社会动物的态度主导着他们的捕鲸活动。因纽特人哈里·布劳尔解释道，鲸鱼是自愿将自己献给人类的，但前提是人类值得它们的付出。当猎手们乘小船接近鲸鱼，他们便开始了一场与鲸鱼的对话。此时，鲸鱼通过倾听来判断人类是否尊重它们，然后决定是否将自己献给人类。因纽特人知道鲸鱼在倾听猎手，如果猎手有不尊重或自私的表现，鲸鱼就会避开他们。想要捕猎顺利，猎手们必须屏气凝神，与小船合而为一，女人在缝制海豹皮艇时也要轻声细语，猎手和妻子都要以慷慨的精神品质真诚地与每一个村民分享猎物。捕猎既是平凡而辛苦的劳动，也是一种仪式。

布劳尔知道生活在水下世界的鲸鱼有属于自己群体的意识。他相信鲸鱼具有与人类相当的身体素质和智力水平，而且会将愿望和需求告知愿意倾听它们的人类。因纽特人通过数字技术收集了大量数据来印证这一观点，但他们的首要认知来源仍是祖祖辈辈的因纽特人和鲸鱼之间的坚实纽带——一种超越人类，认为人鲸亲如一家的宇宙观。

在生命即将燃尽的时候，哈里·布劳尔和大家分享了一个梦境。当他躺在安克雷奇（美国阿拉斯加州南部港口城市）的病床上时，一头小鲸鱼来到了他的身边。他将肉体留在病床上，和小弓头鲸一起回到了600多英里（约966千米）以北的家乡乌特恰维克。布劳尔和小鲸鱼来到海冰边缘，一起潜入海里。在那里，他看到因纽特猎手坐在皮艇里，猎手的儿子也在其中。当猎手们靠近小鲸鱼和它的母亲，布劳尔不仅看清了皮艇上的男人的脸，也感受到了鱼叉进入鲸鱼妈妈的身体。他恍惚地讲述着鲸鱼被杀的过程，描述着每一个细节，他能说出是谁射中了鲸鱼，也知道鲸肉存放在哪个冰窖内。当他恢复健康回到家中，发现梦境竟然都是事实。他是怎么知道的？布劳尔在《鲸的自我牺牲》中写道：“是那只小鲸鱼告诉了我，它和我说了自己和母亲的全部遭遇。”后来，布劳尔和捕鲸队长们说起了这个梦，并在讨论后一致决定限制捕猎带着幼崽的鲸鱼母亲。

因纽特人相信鲸鱼与人类能够共享意识，而且这种人鲸交流并非只有人对鲸鱼的单向认知，鲸鱼对人类的认知也包含其中。那么，数字生物声学和这一宇宙观又有什么联系呢？如今，因纽特人和科学家们已经可以在实验室里通过被动声学监测技术连续监测世界各地的鲸鱼。曾经，凯利船长利用鲸鱼的歌声大肆捕杀它们；而现在，科学家们正通过声音研究、追踪、理解、保护这种动物，努力为捕鲸活动添一分谨慎、尊重和感激。巴罗角的一系列研究让科学家们对鲸鱼的社会性有了更加浓厚的兴趣。生物声学技术打开了一扇门，让我们得以用新的方法探究因纽特人和其他拥有捕鲸传统的民族所共有的观点——人类以外的生物也能进行复杂的沟通，也有丰富的社会行为，而且只要留心观察，人类是能够理解这些语言和动作的。

与鲸鱼相关的生物声学研究不仅取得了突破性进展，还为其他物种的研究打开了大门——包括许多人类一直认为无法发声的物种。生物声学先驱向周围世界丰富且有意义的声音敞开了耳朵和心扉。科学家逐渐意识到，这个世界可能并不安静，只是人类还没有学会如何倾听。此后，生物声学的惊人发现不再局限于大海，也遍及了陆地——科学家们发现了另一个有出色的发声能力的物种——大象。这也是接下来的章节将重点探讨的内容。

孔雀开屏——动物王国最著名的求偶仪式之一，
是雄孔雀正通过抬尾发送强力的次声波。
在人类看来，开屏是形的展示，
但实际上，它是声的呼唤。

海豚、白鲸、老鼠和草原土拨鼠会用独特的声音
（比如标志性的哨声）来称呼同伴，
就像人类的名字一样。

弓头鲸的声音与猫头鹰接近，但拖得更长：
呜——，那不是鸣叫，更像是嗡鸣。
它们的声音从 F 调开始，
然后上升到 G 调、A 调、B 调，甚至 C 调，
然后再降到 F 调。

大响蜜䴕是地球上数量极少的以蜂蜡为食的鸟类。
在非洲，蜂蜜猎人会发出一种类似“波儿……哼……”的声音呼唤大响蜜䴕，
接着大响蜜䴕会带领猎人向蜂巢的方向前进。
待猎人劈开蜂巢取走蜂蜜后，
大响蜜䴕会上前享用属于它的美食。

最容易受气候变化影响的珊瑚拥有如分叉树枝般的身形结构，
这也使得这种珊瑚成了鱼类的“天堂”，
种类丰富的鱼在这里游动、捕食、繁育后代、躲避掠食者。

北大西洋露脊鲸是露脊鲸家族的一员，也是弓头鲸的近亲。
和弓头鲸一样，北大西洋露脊鲸的游速很慢，
总是在浮上水面换气时遭到捕杀。
因此，它们的名字也有“恰当的捕鲸对象”的意思。

大象拥有一种最不可思议的能力，
就是与相隔很远的同伴“无声”配合，
调整队形。

微软公司的弗洛伦斯项目（Project Florence），
项目主题为“假如人类可以和植物对话”。
在数字技术的帮助下，
名叫弗洛伦斯的盆栽可以和人类进行最基本的交流。
（详细内容见本书第六章）

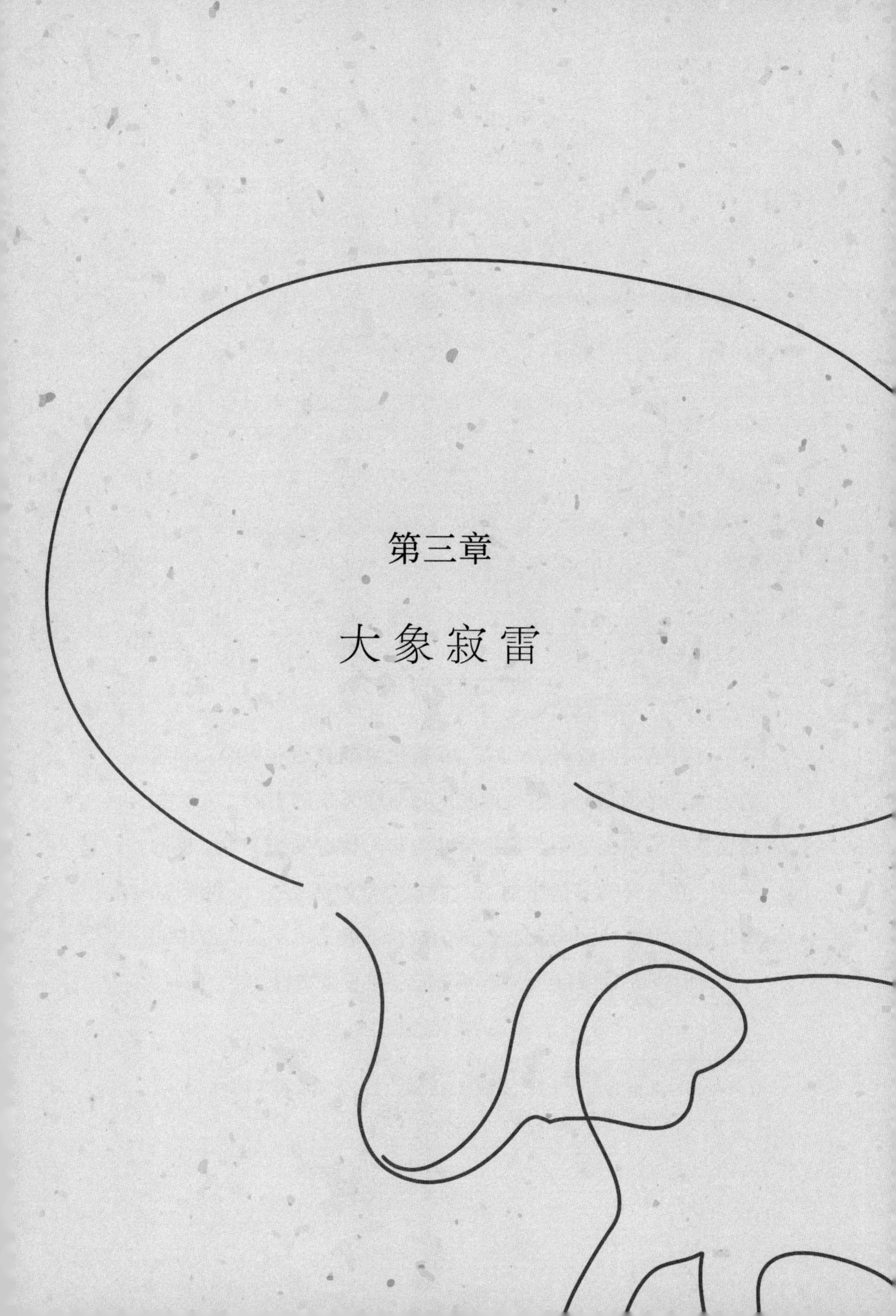

第三章

大象寂雷

无人知晓的语言

当凯蒂·佩恩于20世纪80年代中期抵达非洲时，那里的大象正惨遭屠杀。200年前，非洲是大象的王国，人类生活在象群的包围之中。但最近几十年，情况发生了180度的转变。在象牙贸易的推动下，偷猎大象的活动在20世纪80年代达到顶峰；10年间，大象的数量下降了一半。[①]到1990年，肯尼亚每10头大象中有9头已经死于偷猎者之手。当时，

① 在1979年至1989年之间，非洲象的数量由130万头锐减到不足65万头。——作者注

大象尸横遍野，科学家只能用数尸体的办法反推存活大象的数量，他们还创造了一个可怖的指标以评估象群的健康状况：尸体比率（死亡大象的数量除以活象和死象的数量之和）。记者一语中的，把它称为："大象大屠杀"。

凯蒂怀揣雄心壮志来到非洲，她想编制全世界第一部大象词典，但眼前的景象让她意识到她可能需要做的更多。起初，她只是想到非洲来记录大象丰富而复杂的声音，不料，等待她的却是一次濒危物种的声音记录之旅。

在凯蒂记录大象的声音时，环保人士也正开展着对大象的超群智力和复杂社会生活的研究。这种动物拥有一种最不可思议的能力，就是与相隔很远的同伴"无声"配合，调整队形。在坦桑尼亚，自然资源保护主义者伊恩·道格拉斯-汉密尔顿为大象在没有任何视听线索的情况下依然能保持步调一致感到惊讶。在肯尼亚，科学家辛西娅·莫斯和乔伊斯·普尔发现即便公象和母象分开生活，甚至相距很远，但母象一旦进入发情期（往往难以预测，且持续时间短），它们总能在极短的时间内找到彼此。在津巴布韦，罗恩·马丁用无线电项圈对不同象群的母象进行了持续数年的跟踪观察，并绘制出了它们的行动路线图。他发现即便在路况蜿蜒崎岖，而且没有任何视觉或嗅觉线索可供参考的情况下，象群依然可以在长达数周的时间里保持默契的行动。南亚的民间传说中有许多关于大象的超能力的故事，早在几千年前大象就被驯化成了人们的帮手。“或许，大象真的有第六感。”道格拉斯 - 汉密尔顿开玩笑地说。

凯蒂也有自己的猜测，但她的猜测是基于她本人在波特兰动物园对大象的实地观察提出的，和超能力无关。20 年前，帕基把波特兰动物园送上了新闻头条——这是 44 年来在西半球出生的第一头大象。帕基很快成长为全美最高大的亚洲象，也成了动物园的最大卖点。当凯蒂在 1984 年来到这里时，波特兰动物园已经是全球最成功的圈养大象繁殖基地，她希望在这里能探寻到它们声音的奥秘。

* * *

第一次来到动物园的凯蒂引起了一头名叫阳光的小象的注意，它把象鼻伸出笼子，想靠近凯蒂。阳光的母亲站在一旁，显得非常紧张。这时，凯蒂感到一阵隐隐的悸动：“就像雷声，但当时并没有打雷。”这种感觉勾起了凯蒂的一段儿时回忆：她曾参加过学校组织的唱诗班，她清楚地记得当管风琴的音调不断下降，整个教室似乎都颤抖起来。“我在象笼旁的感受是否和那时一样？是不是大象的声音太低，我听不到，但又非常有力，让周围的空气都震动了起来？它们是不是在用次声波对话？”凯蒂此前通过查阅研究文献得知，海洋中最大的哺乳动物——长须鲸和蓝鲸会发出次声波呼唤，并且这种声波可以穿透水、岩石、空气，传播很远的距离。那么，次声波是否也是大象通信交流之谜的答案？

几个月后，凯蒂带着录音设备再次来到波特兰，这些设备能够探测低于人耳听力极限的次声波。与她同行的还有两位同事：物理学家威廉·兰鲍尔和作家伊丽莎白·马歇尔·托马斯。凯蒂的计划是先将大象的声音录下来，然后回到实验室做加速、升频处理，这样，“隐形”的次声波就会在回放时现身，就像隐形墨水会在紫外线光照下显形一样。于是，三人在动物园里的一个脏乱谷仓里开始了枯燥的日常观察：一个人负责操作录音设备，一个人负责观察大象的行为，还有一个人负责记录听到声音的时间。有时，他们要连续工作24小时，轮流记录、观察、休息。凯蒂总能时不时地感觉到和第一次来到动物园时一样的悸动，伊丽莎白也有同样的感觉，可兰鲍尔却说自己什么都有没听到，也没有感觉到。凯蒂安慰自己，假如录音里除了已经听到的声音再没有其他内容，也不必感到失望。

回到康奈尔大学后，凯蒂邀请声学科学家卡尔·霍普金斯一同听了录音。她选取了一段让她印象深刻的录音片段：当时，动物园里有两头成年大象被厚厚的水泥墙隔开，它们看不见彼此，却隔着墙面对面地站了很长时间。整个过程中，人们没有听到任何声音，但当凯蒂把录音的播放速度调至原速的大约 12 倍时，声音就出现了。在人类的听力极限之下，这两头大象进行了长时间的交谈，它们的声音非常洪亮，听起来就像牛的哞哞声。

凯蒂着了迷，她抬起头，看到卡尔的脸上露出了难以置信的表情："的确是次声波。"他喃喃地说。这些年来，人类一直在研究自然的声音，却没有一个人想到把录音加速播放，直到这位受过系统训练的音乐家凯蒂的出现，这一发现具有里程碑意义。在接下来的几个月里，研究人员分析了数百小时的录音，他们发现大象的叫声十分丰富，其中一些次声波范围内的叫声似乎能传得很远。大象还会在特殊情境下发出特别的叫声，比如安慰难过的同伴、把离队的小象赶回母亲身边、提示危险，或是带领象群去往下一个地点。

凯蒂的发现令整个环保界为之振奋。《纽约时报》用诗意的语言介绍了她的研究："这是陆地动物使用次声波交流的首个证据。声音低沉的大象也成了野生动物合唱团的一员，与负责极高音区的蝙蝠、高音区的海豚、中音区的丛林狼，以及音域宽广的座头鲸一起奉献着精彩表演。”世界野生动物基金会副总裁托马斯·洛夫乔伊认为这一发现具有里程碑意义：“这就像突然发现了一种……迄今为止无人知晓的语言。”

凯蒂对大象“隔墙交谈”的记录展现了次声波的威力，它与人类能够听到的“普通”声音有以下3点不同。首先，次声波的振动频率极低，人类必须借助特殊手段才能察觉。其次，次声波的波长很长，它与固体的作用模式正是大象远程通信的秘密所在：波长较短的声波（比如蝙蝠回声定位的高频声）遇到很小的物体就会强烈反弹，传播距离也短；而波长较长的声波可以穿过和绕过大部分物体。最后，高频声波会被空气大量吸收，而低频声波的衰减却几乎可以忽略。因此，次声波更适合远距离通信，它不仅能穿透墙壁，甚至能“撼动”大地。在大象跨越遥远距离，甚至隔着人类的建筑物大声交谈的时候，我们人类却什么也听不见。

* * *

1986年，凯蒂公开发表了自己的研究成果。几个月后，她在世界野生动物基金会和美国国家地理学会的资助下，再次踏上了前往肯尼亚的旅程，她希望大象通信的相关研究能扭转这种动物在非洲濒临灭绝的趋势。起初，与凯蒂一起在肯尼亚工作的是辛西娅·莫斯和乔伊斯·普尔。莫斯辞去了在《新闻周刊》的工作，自学成才，成为一名大象生物学家。她将生活在安波塞利国家公园里的一个象群作为研究对象，这个项目也最终成为全世界持续时间最长的非洲草原象研究。普尔则是在19岁时读到了关于莫斯的报道，随后就以志愿者的身份加入了安波塞利大象研究计划，几年后她获得了剑桥大学的博士学位。基于对非洲草原象的充分了解（她们能区分数百头大象），莫斯和普尔在大象的社会行为研究方面取得了多项重要突破。或许，她们最突出的贡献在于拓展了象群社会关系的研究范围，不再局限于象群的核心成员，而是将许多不同世代的其他成员也囊括在内。她们的研究揭示了年长大象，尤其是母象，在象群中的重要地位——她们既是富有经验的智者，也是维护家族稳定的“主心骨”。年长的母象承担着抚育和教导小象的任务，直到小象成为“成年象”。年长大象的丰富经验能在关键时刻发挥重要作用，它们知道干旱时期的水源位置、不同季节的食物来源、鲜为人知的迁徙路线。普尔还发现偷猎者的目标往往是有着更大象牙的年长大象；偷猎行为不仅会伤害大象个体，还会破坏象群的社会结构。这些发现促使国际社会在1989年禁止了象牙贸易。

基于凯蒂的发现，3位科学家开始进一步研究非洲草原象低频叫声的社会语境。她们的发现证实了次声波就是象群远距离通信、协调行动、寻找配偶的手段。熟悉鲸鱼的凯蒂知道：能够使用次声波进行远程通信的动物享有一定的繁殖便利。与跨越千里抵达繁殖地点的鲸鱼一样，成年公象和母象不在一起生活，但又必须在母象的发情期内快速找到彼此、完成交配，母象的发情时间短，一般只持续4天，而且每4年才出现1次。凯蒂还发现，发情的母象会发出特殊的低频呼唤，在回放实验中，扬声器中传出的录音会吸引数英里外的公象靠近。

莫斯和普尔继续将非洲草原象的声音识别系统、能够远距离传播的声学信号，以及声音传授与学习能力作为研究重点。这项研究让人类对大象的社会性有了更深的理解，同时也回应了科学家此前持怀疑态度的观点——比如大象也能表现同理心。

次声波尤其适合在茂密的灌木丛和森林中传播，声波的频率越低，在密林中传播时的衰减就越少。科学家们可以通过步行、飞机、卫星等多种方式观察草原象，但森林象则不同，它们的行踪难以捕捉，这些居住在非洲中部、世界第二大雨林中的大象身上还有许多科学家没有解开的谜团。基于视觉信号在植被浓密的热带雨林更易受阻的事实，凯蒂猜测森林象比草原象更加依赖低频声波，而且近距离通信也是如此。从这个意义上讲，生物声学是了解和保护这些大象的关键。

凯蒂和康奈尔大学生物声学研究中心的科学家共同发起了一项“听象计划”，他们将新建成的德赞噶-桑哈国家公园选为研究地点，那里是整个雨林的中心，坐落在刚果河的一条支流上。“听象计划”的目标是编制一部“大象词典”，包括所有与大象的行为和互动有关的声信号。凯蒂还邀请了安德里亚·图尔卡洛参与合作，后者是有史以来持续时间最长的非洲森林象研究项目的发起人。凯蒂团队的首个艰巨任务是校准呼叫率：他们将自动记录装置安装在森林中可能有大象出没的地方，然后对比装置捕捉到的叫声数量和大象的种群数量。

2006年，康奈尔大学声学家彼得·雷格接手了“听象计划”。此时，凯蒂团队搭建的技术栈已经成为有史以来最出色的生物声学网络之一。雷格将整片热带雨林分成了50个网格（每个网格约25平方千米），并在每个网格的顶点（距离地面大约9米的树冠上）安装了特制的自动记录装置，即便大象后脚完全站立、象鼻彻底伸直也无法够到它。康奈尔大学设计的第一批自动记录装置都是聚氯乙烯材质的外壳，里面是用于存储数据的笔记本电脑硬盘，还有能以二进制格式记录声音的电路板。这批装置最早在加蓬投入使用，每台装置都需要用43磅（约19.5千克）重的电池维持3个月的运行。研究人员还安装了可以同步录像的远程摄像机，这样一来，他们就能比对同一时间的声音和图像，找到与声音关联的个体和行为。每隔3个月，研究人员就要逐一检查记录装置，更换音频卡和电池，启动新一轮记录。在康奈尔大学的实验室里，研究团队在努力破译大象的声信号。经过数十年的研究，他们已经掌握了多种信号的含义，知道了大象的叫声包含着领地权属、种群规模，以及人为因素对象群的影响等信息。

经过多年的努力，康奈尔大学积累了数十万小时的观察数据，涵盖了大象从出生到成年，再到死亡的整个生命历程。通过对生物声学数据和少量目击报告的综合分析，研究人员对森林象生命周期的关键环节有了更深入的了解：象群的大小和结构，迁徙和交配，还有母亲对幼崽的特殊回应。令人沮丧的是，录音中会不时出现偷猎者的枪声、非法伐木者的链锯声以及大象慌乱逃离的声音。基于这些资料，以及出于对该物种即将灭绝的担忧，研究小组拉响了关于森林象种群数量正在快速减少的第一声警报。

虽然此前的一项研究已经提出了在中非的几个关键地点，森林象数量正快速减少的观点，但当时人类对于非洲大陆的象群总量仍然不甚了解。雪上加霜的是，对草原象数量的研究发现也不乐观。2016 年，科学家们终于完成了第一次覆盖整个非洲大陆的象群普查，结果令整个环保界为之震惊。在“大象无国界”组织的监督下，多组研究人员用小型飞机从空中观察了非洲大陆大部分地区的情况，总计飞行距离达到了 29 万英里（约 466 700 千米，比地球到月球的距离还要长），并再次证实了情况的严峻。每年大约有 27 000 头大象死于偷猎，7 年间，非洲草原象的数量减少了 1/3。在喀麦隆，研究人员只找到了 148 头幸存大象，而大象尸体却超过 600 具；尸体比率超过 80%，这意味着这里的象群已经处在灭绝的边缘。在狩猎旅行快速兴起的坦桑尼亚，草原象的种群数量在 5 年间减少了 60%。由于这次普查没有将森林象包含在内，科学家对它们的生存状况仍然缺乏了解。凯蒂和同事积极呼吁启动针对森林象的普查。2021 年初，国际自然保护联盟公布的一组数据显示，森林象的种群数量在过去 1 个世纪减少了近9成。该联盟更新了《红色名录》，将森林象定为极危物种——距离野外灭绝仅一步之遥。

早在这一消息公布之前，康奈尔大学的研究团队就转变了研究方向。由于森林象面临的偷猎威胁不断增大，“听象计划”的研究重心便转向了利用声学手段解决象群保护的难题；如果大象都灭绝了，编制大象词典就变得没有丝毫意义。记录大象会让人感觉这是在偷窥：在偷猎猖獗的背景下，每一份录音都像是声音化石。凯蒂不想只在大象灭绝之前记录它们的声音，她在思考怎样才能扭转眼下的局势。早在2003年，她就提议设计一套既能用于种群普查，又能自动发出危险警报的声学监测系统。但这不仅要求自动录音设备要躲过偷猎者的搜索，还要能精准识别大象的叫声，以及枪声、引擎声、电锯声等与偷猎活动有关的声音。实现第一个目标并不困难，因为数字声学设备已有多次升级，但第二个目标却很难实现，因为森林根本没法安静下来。

* * *

在以计算机科学为基础的人声研究领域也存在类似问题，即著名的“鸡尾酒会问题”：将背景噪声和其他人声过滤掉以捕捉特定人声。2015 年，人工智能领域的研究人员提出了一个解决鸡尾酒会问题的新方案，并打趣地称之为“深度卡拉 OK”。

为了让计算机算法“学会”区分人声和器乐，研究人员首先建立了一个音轨数据库，其中包含一首完整的歌曲和这首歌曲中所有器乐和人声的独立音轨；下一步，计算机将人声、器乐和完整的歌曲分别转换成了声谱图（人声和器乐的声谱图就像它们的声学指纹，而歌曲的声谱图相当于人声和器乐的声谱图合集）；接着，研究人员将声谱图数据集输入了神经网络——一种可以通过比较样本、识别模式，像人脑一样迭代学习的人工智能。依托足量的数据集和强大的计算能力，神经网络表现出了十分出色，甚至优于人类的识别能力。在神经网络对数据集重复解析 100 次之后，研究人员输入了一首新的歌曲，要求算法识别出其中的人声，结果大获成功。这一算法的作用是识别并提取出背景噪声中的特定人声，就像人类能做到的那样。

这一成果引发了康奈尔大学研究团队的进一步思考：是否可以通过类似方法把大象的声音从嘈杂的热带雨林背景声中区分出来？雷格咨询了康奈尔大学的多位计算机科学家，包括卡拉·戈梅斯，他是计算机技术与可持续发展（通过计算机科学解决环境和社会问题）的先驱之一。两人达成共识：要从雷格的录音中提取有用的数据，必须找到一种新的自动化处理方式。戈梅斯和雷格与加利福尼亚州的一所数据处理公司取得了联系，希望“定制”一款神经网络——一种可以自动识别大象叫声的人工智能算法。雷格将录音交给了该公司，并提出了两个要求：一是把大象的叫声和丛林的背景噪声分开；二是对大象的叫声进行分类，尤其要注意报警和求救的声音。“听象计划”已经积累了数十万小时的音频数据，足以构建一个庞大的训练数据集，但雷格对这一计划仍然感到心里没底。出乎预料的是，测试结果非常理想，神经网络不仅准确识别出了大象的声音，还听出了枪响。为了检验结果是否准确，数据处理公司又建立了另一个神经网络，将识别重点调整为枪声、链锯声和大象的警报声，结果准确率更高。研究团队实现了凯蒂在近20年前提出的设想：发明一种能够识别人类威胁的实时监控系统，让大象偷猎者寸步难行。

雷格、戈梅斯和其他几位同事联合发表了这一具有里程碑意义的研究成果。他们指出，实时的危险监控和种群监测意味着两项艰巨的任务：一是快速而准确地识别出目标动物和它们所面临的潜在威胁，比如伐木、捕猎、偷猎的声音；

二是迅速筛查出需要上传系统的必要数据，避免信息超载。研究人员已经可以通过定制的神经网络较好地完成第一项任务，例如区分枪声和树枝断裂的声音，这也是典型的音频数据分类和细分问题；但他们还要完成第二项任务才能将音频数据导入神经网络。传统声学算法大都会自动忽略，甚至抹去低频声，而大象恰恰是通过低频声进行交流的，因此它们对大象不起作用。为此，研究人员为神经网络研发了一种全新的音频压缩法，此时，听众不再是人类，而是数字技术。

康奈尔大学的研究团队意识到，如果加以完善，这个系统可以在非洲大陆的公园里大显身手，为巡查员提供预警信息。在此前的研究基础上，研究人员研发了一个能自动分析生态环境声（即声景）的开源系统。他们搭建了一个能识别多种声景的“声学指纹”的神经网络，让快速、可拓展的生态监测成为现实，也为进一步精准判断象群栖息地的环境质量和生物多样性，以及识别枪声、链锯声等异常声响奠定了基础。起初，这项研究的目的仅仅是用模拟声学技术记录大象的声音，而现在，它已经在探索利用人工智能数字声学技术来拯救这一物种了。

尽管这些数字声学工具是人类科技的巨大跃进，但它们并非彻底挽救大象的灵丹妙药：它们无法在大范围内精确识别偷猎活动，而且除偷猎外，大象还面临着一个更加严峻的威胁——人类活动导致的栖息地丧失。人们大肆砍伐森林、在边缘林地耕作，整个非洲大陆都充斥着人与象的冲突。不过，随着生物声学逐步揭示出更多关于大象通信的真相，这些问题或许能得到妥善解决。

蜜蜂栅栏

在凯蒂第一次踏上非洲大陆的几十年后，露西·金开始在乞力马扎罗山的山麓倾听大象的声音。在非洲长大的金亲眼看见了象群数量的快速减少，她的导师伊恩·道格拉斯-汉密尔顿创立了非营利组织“拯救大象”，呼吁全世界禁止象牙贸易。经过数十年的不懈努力，这项禁令终于被写入了1989年的《濒危物种国际贸易公约》。可30年后，大象面临着新的威胁——当地农民。金在进入大学时就下定决心，要终身致力于解决大象和农民之间的冲突。

金希望解决的是环境保护领域最棘手的问题。随着非洲人口不断增长，人类正不断侵占大象的栖息地。由于野外食物日益短缺，大象只能频繁地闯入人类的农场觅食。为了填饱肚子，一头大象一天要吃掉重达数百磅的食物，它们可以在极短的时间内摧毁数英亩作物。有时，甚至会杀死挡路的人，越靠近野生动物保护区的农场遭到野生动物袭击的可能性越大。

想拦住大象并不容易。石墙和棘篱或许能挡住羚羊，但奈何不了大象，因此，农民们只能轮流值班保护庄稼，夜间也不能放松。父亲、母亲、孩子们尝试着用敲打锅碗瓢盆、燃放鞭炮、投掷石块，甚至焚烧辣椒（类似自制的催泪瓦斯，大象害怕它的烟雾）等办法恐吓大象。如果这些办法的效果不甚理想，一些农民便会杀死大象，动物保护区的守卫也会被迫消灭一些“搞破坏的大象”，这又导致其他幸存的大象更加仇视人类，对人类的攻击会变本加厉。农民和大象的冲突还为偷猎活动创造了便利条件，心怀怨恨的农民要么接受偷猎者的雇用，要么对偷猎行为视而不见。而即便上述这些方法有效，它们也会造成其他负面影响，比如孩子可能会因为保护庄稼而耽误上学。

* * *

在大象眼里，农民是制造麻烦的急先锋，他们不仅侵占了自己的领地，还破坏了迁徙路线。象牙贸易被禁后，象群数量逐渐回升。但由于人类不断拓展农业用地和居住用地，亚洲和非洲的大象栖息地都在不断萎缩。这迫使大象和人类有了更多接触，也产生了更多冲突。

为了缓解农民和大象的矛盾，自然资源保护主义者和科学家们尝试了许多办法，但效果不佳，大象能轻松地冲破电网。农民也不满足于作物受损的经济补偿，大声播放狮子咆哮、人类喊叫和其他象群叫声的录音也只能起到暂时的效果，大象很快会忽略这些声音，而且播放设备的维护成本很高，农民难以负担。金想找到一种更加温和的手段让大象远离农场。这个在非洲长大的女孩到牛津大学学习了动物行为学，然后又回到家乡发起了“人象共生”项目，她的目标是用生态友好的方式减少农民和大象的冲突，但这并不简单。

金从马赛[②]的养蜂人和采蜜人那里获得了灵感。他们一直相信大象害怕蜜蜂，还表示曾亲眼见过大象被蜜蜂追了几英里。

非洲的蜜蜂（主要是东非蜜蜂）比欧洲的蜜蜂更具攻击性：面对威胁，它们的反应速度更快，出击的蜜蜂数量是欧洲蜜蜂的 3 ～ 4 倍，追击的距离也更远（一些报告称它们会

---

② 马赛族是分布在肯尼亚和坦桑尼亚的游牧民族。——译者注

追出蜂巢外几英里）。这些蜜蜂攻击性强、行动迅速，在数百只蜜蜂的围攻下，成年人也会丢掉性命。马赛人坚信，这种蜜蜂能吓跑整个象群。这种说法似乎令人难以置信，因为皮肤厚实的大象面对体形更大的掠食者也能与之抗衡，不过，非洲蜜蜂会专门攻击大象的腹部、躯干、耳朵和眼睛上皮肤最薄的位置。马赛人说，小小的蜜蜂是庞大的非洲象为数不多的克星之一。

金的导师伊恩·道格拉斯-汉密尔顿在研究了大象的行为后发现，马赛人的观点是正确的。在一次实验中，他在一些金合欢树上挂上了空的蜂巢。一个月后，没有蜂巢的金合欢树有 90% 被大象吃光了叶子，挂有空蜂巢的树情况相对好些，而有真蜂巢的树则完好无损。于是他得出结论：大象害怕蜜蜂，会因为蜂巢放弃它们最喜欢的食物之一——金合欢树叶。道格拉斯-汉密尔顿接着提出了一个创造性的建议：农民可以用“蜜蜂栅栏”代替昂贵的传统围栏，也就是用空蜂巢拦截象群。

金从简单的实验开始测试这个想法，她用扬声器播放蜜蜂受惊的声音，同时观察象群的反应。她看到大象撤退了，它们摇动脑袋，用象鼻拍打身体——驱赶蜜蜂的典型动作。金又用其他声音进行了对照组实验，结果发现那些声音并不能引起象群的反应。只有蜜蜂的声音（即使不是真的蜜蜂发出的）才能阻止大象靠近。

金证实了蜜蜂栅栏的确有威慑大象的作用，但在小型农场推广这一方法仍然存在困难，因为播放蜂鸣声的电子设备价格昂贵、维护困难。于是金又开始测试“真蜂栅栏”的效果，她选定的测试地点是东非大裂谷东北部的一个小农场，这个占地仅 2 英亩（约 0.8 公顷）的农场曾多次遭到大象袭击。金在农场两侧安装了 100 英尺（约 30 米）长的栅栏，每条栅栏由 9 个相互连接的蜂巢组成。安装完成后，大象果然不再靠近这个农场，而附近其他农场的遇袭情况没有任何改变。这一结果令人振奋，金进一步扩大了实验范围，她为 17 个农场安装了“真蜂栅栏”，同时留下了另外 17 个只用棘篱围护。在此后的 2 年时间里，使用“真蜂栅栏”的农场只被大象袭击过 1 次（那是一头固执的公象），而使用棘篱的农场依旧遇袭频繁。低技术含量的“真蜂栅栏”起效了。这些栅栏不仅挡住了大象，还为农民带来了 250 磅（约 113 千克）蜂蜜，蜂蜜的收益足以覆盖建造栅栏的费用，而且还有富余。

随后，金的研究团队又与肯尼亚野生动物保护局展开合作，在东察沃国家公园附近的一个人象冲突最为严重的地区再次测试了蜂巢栅栏的效果。测试结果依旧喜人，周边的农民纷纷要求安装蜂巢，因为这不仅能赶跑大象，他们还能种植蜜蜂传粉作物，比如大象不喜欢的向日葵。后来，蜜蜂栅栏被推广到了 17 个国家，从加蓬、莫桑比克到印度、泰国。人们十分认可栅栏的效果，但也有反馈称大象会逐渐对蜂巢“免疫”。不过，正如金最初设想的一样，适应环境的作物与蜜蜂栅栏的结合或许是解决人象矛盾的长久之计。现在，这个看似简单的发明已经传遍世界，而且很可能成为人象和平共处的关键。

“蜜蜂”用“象语”怎么说？

在研究蜜蜂栅栏的时候，金注意到了大象的一些特点。在见到蜜蜂（或听到蜂鸣）时，大象会发出一种特殊的咕哝声，和它们听到白噪声的反应完全不同，这些咕哝声会吸引象群的其他成员迅速向受惊的同伴靠拢，有的大象甚至长途跋涉赶来救援。大象究竟说了什么？其他大象又是怎么知道的呢？

金知道大象能使用次声波交流，而这种声波的振动频率低于普通人的听力极限。我在本章开头曾提到这些叫声可以传出很远的距离，而且已经有证据表明每头大象都有独特的“嗓音”。这些发现帮助科学家解开了象群能跨越数英里的距离保持行动一致的谜题，大象还能通过感受地面震动探测远处的水源。

为了弄清大象的通信形式和内容，金找到了在迪士尼动物王国工作的生物声学家约瑟夫·索尔蒂斯。索尔蒂斯有多年研究大象声交流的经验，他知道这种动物能通过细微的声音变化表明个体身份，体现情绪状态，进行呼喊和应答的互动。索尔蒂斯和金合作设计了多个实验测试大象对蜜蜂和人声的反应，实验结果令人惊讶：大象对人类和蜜蜂分别引起的警报声，所做出的反应截然不同。不仅如此，大象只有在受蜜蜂惊扰时才会聚集起来，匆忙撤退；对其他警报声，它们则会散开。金还不能完全确定大象这样做的原因，但她猜测大象是想通过挤在一起的方式避免某一个成员承受过多的蜜蜂攻击。面对愤怒的蜂群，聚集是更好的选择，而面对人类偷猎者，分散逃跑才是上策。

这些独特的咕哝声是否就是大象提示同伴警惕蜜蜂来袭的信号？索尔蒂斯和金将这些咕哝声的录音回放给象群，发现它们依然做出了躲避蜜蜂的反应（晃动脑袋，快速撤出危险地带，保持安全距离）。金初步总结：“这说明大象的咕哝声可能有‘参考信号’的作用，这种声波特有的频率偏移[3]会提醒大象……警惕蜜蜂的威胁。”这是一个突破性的发现：大象有一个专门指代“蜜蜂”的“词语”。[4]

* * *

为了进一步验证大象能用不同警报声提示不同威胁的假说，索尔蒂斯和金又设计出了一个新的生物声学实验。他们录下了桑布鲁部落成年男性的声音，桑布鲁人是居住在肯尼亚北部的游牧民族，他们与大象的活动范围高度重叠，有时也会和象群争夺饮用水等资源。索尔蒂斯将录音回放给大象，立刻引起了大象的警戒、奔逃、鸣叫等反应。索尔蒂斯在分析录音时发现，大象发出了一种与提示蜜蜂威胁的咕哝声不同的声音，“桑布鲁警报”和“蜜蜂警报”（音调更高）间存在明显差异。听到桑布鲁警报后，象群也会撤退，但不会

---

③ 频率偏移是指声波频率在声源移向观察者时变高，而在声源远离观察者时变低的现象。——译者注

④ 其他物种也能发出差异性的警戒呼叫，包括黑长尾猴和许多鸟类，在面对不同威胁（豹、老鹰或蛇）时，它们发出的警报声完全不同。——作者注

做听到蜜蜂警报时的摇头动作。简单地说，大象能区分这两种威胁，以及这两种威胁的严峻程度。金和索尔蒂斯由此发现了大象的两种参考信号：蜜蜂和人类。此后，金又进一步证实了大象还能区分人与人的不同（这并不罕见，包括喜鹊在内的许多野生动物都能区分熟悉和陌生的人）。在一个类似实验中，研究大象的生物学家凯伦·麦克库姆向肯尼亚的象群播放了不同的人声录音，当扬声器中传出马赛部落男性猎手的声音时，大象迅速逃离了；而马赛部落的妇女、儿童，还有坎巴族（一个不狩猎大象的民族）男性的声音却没有类似效果。麦克库姆的研究进一步证实了，大象不仅能从人类的声音中获取种族信息，还能分辨其性别和年龄。

大象优秀的声音识别能力早已不是秘密，此前就有研究人员发现它们能分辨警报声是否来自伙伴。科学家推测，声音是大象复杂的社会系统的重要组成部分，具有传递与个体或家族相关信息的功能。索尔蒂斯和金的另一个重大突破性发现是大象的声音信号可以指示出其他物种，不仅如此，他们还证明了这些声音的功能和人类的词语相似（虽然科学家们更喜欢使用“参考信号”一词，因为“词语”普遍意味着和人类语言有关）。

研究人员正在探索如何将这些最新发现融入针对大象的

预警和监测系统中。大象能学会新的声音信号吗？它们能不能理解表示危险的“词语”，进而主动避让？一些证据显示，大象能学会人类社会环境中的声音。姆莱卡是一只处于半圈养状态的“孤儿”象，它生活在肯尼亚境内的内罗毕—蒙巴萨高速公路旁，每到日落时分，姆莱卡都会发出像卡车一样的声音，而黄昏也是低频声波在非洲大草原上传播的黄金时段。同样，在瑞士的巴塞尔动物园里有一头雄性非洲象，它在和两头亚洲象一起长大的过程中，学会了亚洲朋友们频率更高、多次重复的叫声，而非洲象一般不会发出这样的声音的。这些例子体现出了大象卓越的鸣唱学习能力：除天生就能发出的声音外，还能学习并模仿环境中的其他声音。

既然大象能学习并模仿汽车和其他物种的声音，它们很可能也能理解让它们远离农田的声信号。科学家正在尝试用不同信号提示大象附近存在不同危险，但操作层面还存在许多技术问题：比如是否采用声学或视觉数据的自动分析（或两者都用）；如何从背景噪声中过滤出大象的声音（例如，卡车引擎的声音会干扰大象远程通信的低频信号）；以及如何将这些数字系统与已经在自然保护区大面积铺开、精密度越来越高的偷猎监测系统结合起来。以斯里兰卡某研究团队研发的“塔斯克警报系统”为例，它会在被触发时闪烁警示灯光、播放蜂鸣声，同时通过短信和移动设备的应用程序，将异常情况报告野生动物保护部门、铁路管理部门和警察局。塔斯克警报系统采用了声学技术和计算机视觉技术，后者是一种人工智能算法，能从多张照片中识别出大象，进而起到减少误报的作用。在野外实验中，部分系统识别大象的准确率可超过95%，如果这类系统被应用在大象与人类共存的人口密集区，或许可以提高人们对自由行动的大象的接受度。

研究人员还在尝试将激光、无人机、蜜蜂信息素等威慑物与声学和视觉预警系统结合起来。不过，调整种植结构、教会当地农民避免与象群发生冲突的技巧依然是重中之重，研究人员还建议恢复传统的低密集型、可转移、自给自足的农业模式——将森林中收割期已过的农田留给大象"享用"，以减少冲突的发生。如果农民和大象可以和平共处，这些保护大象物种的数字工具也将更好地发挥作用。数字生物声学让人类了解了更多的动物信号，也为数字威慑信号的选用提供了充足资源。

谷歌大象？

目前，声学数字威慑的主要方式是通过播放无差别的录音来恐吓大象等动物。这些设备的发展前景如何？想想你用的智能手机，它已经实现了数百种语言的即时翻译，将来会不会有人发明出一款能翻译“大象语”的工具呢？

经过40年的研究，乔伊斯·普尔和同事们整理出了第一份数字化的大象词语表：大象行为词谱。行为词谱是某个物种的行为说明书，包含这一物种用于传达不同意义的全部行为（对这份词语表来说，行为即叫声）。通过合作开展“大象声音计划”，普尔和其他研究大象的科学家希望提高公众意识，推动关于大象认知、通信交流和社会行为的研究进一步发展。

普尔建立的数据库是一个单向工具，用户可以倾听和查看大象用于通信的各种叫声和行为。另一些自然资源保护主义者开发了一款名叫“象语说你好”的智能手机应用程序，可以把人类的文字、表情、短语“翻译”成大象的语言。据开发者介绍，这款应用程序能把简单的人类语言和表情，翻译成大象用来传达相似情绪和目的的叫声。不过，这些成果的分类学价值大于解释性价值，更像是词语表而非数字词典。想要开发真正的大象词典，人类必须对大象的神经生物学、行为学、认知学、生态学甚至美学有更深的了解，我们要学会从大象的角度看问题。或许，这些领域的突破终将实现人象的双向交流，而在不久的将来这些领域的研究有望让声学威慑变得更加精准、有效。

回头看来，大象通过次声波通信似乎是理所应当的。否则，这个高度社会化的物种是怎样跨越广袤的森林和草原，与同伴协调行动的呢？但凯蒂的发现仍像是一枚重磅炸弹，让人类对世界的认知偏见暴露无遗。因为听不见，所以科学家就认为动物不会发声；因为缺乏动物能通过声音传递复杂信息的证据，所以科学家就认为动物不能通信交流。数字技术填补了技术鸿沟，但真正困难的是认知进步，抛开成见。

人类科学的另一个重要进步是将这一视角拓展到了其他动物身上。因为大象的脑体积较大，人们比较容易接受这一物种拥有使用声音传递复杂信息的能力。但要接受脑体积较小，甚至没有大脑的物种也能交流的观点，或许就没有那么容易了。科学家们以鲸鱼和大象的研究为起点，继续通过生物声学破译生命树上其他物种的通信密码，这也是接下来的章节将会介绍的内容。科学家们发现，许多物种的倾听和发声方式都是我们意想不到的。

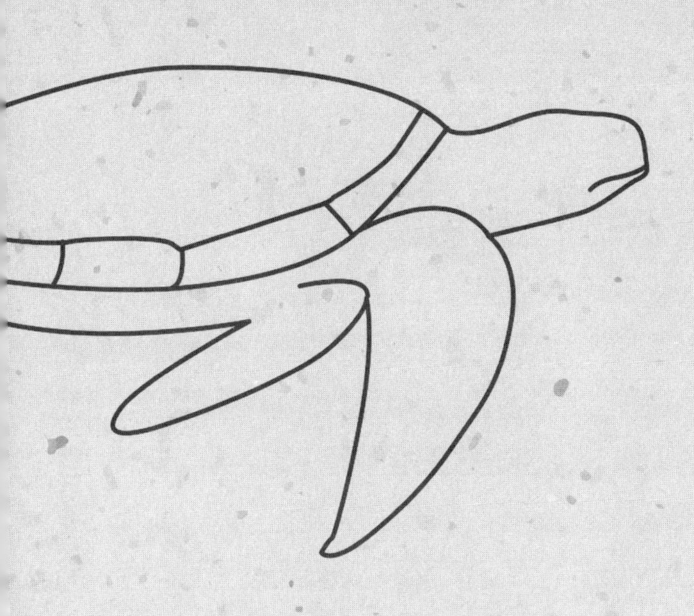

第四章

海龟耳语

土地的救赎者

听到卡米拉·费拉拉的博士论文选题是研究亚马孙河龟的声音，教授们笑了。“真是异想天开，你肯定拿不到博士学位了。”她的导师评价道。另一位教授说：“我研究了20年龟，还从没听过它们的声音。”但费拉拉没有动摇。不久前，一位名叫杰奎琳·贾尔斯的研究生来到费拉拉位于巴西的学校，分享了自己关于澳大利亚淡水龟的声音研究。费拉拉作为贾尔斯的向导，和她一起沿着亚马孙河支流之一的特龙贝塔斯河前行，这条河位置偏僻，交通极为不便。贾尔斯沿途记录着各种声音，包括濒危的河龟的声音。虽然费拉拉的老师们大都对贾尔斯的发现不屑一顾，但费拉拉却为之着迷。如果澳大利亚的龟能发出声音，她想，那亚马孙的龟为什么不行？费拉拉选择坚持论文选题，但此后的研究的确充满了艰辛。

质疑费拉拉的不只是她的导师，还有整个科学界。在她提出选题以前，爬行动物学家（研究龟的生物学家）一直认为龟不能发声。[①]加拿大龟类科学家克里斯蒂娜·戴维还记得刚工作时的一次经历：她抱起一只龟，听到它发出了咯咯的声音。“它在叫！”戴维大声喊道，但旁边一位年长的同事立刻反驳了她的“无稽之谈”。戴维无言以对，她确定那只龟真的发出了声音。但当她再次提起这件事的时候，同事们都礼貌地劝她“算了吧”。

戴维指出，龟和鸟类、鳄鱼有共同的祖先，而鸟类和鳄鱼都可以发声。既然如此，为什么人们认为龟不能发声呢？

① 尽管科学家接受了龟能发声的事实，但他们对龟的发声机制依然不甚了解。讽刺的是，人类在过去的几个世纪剁碎并吃下了不计其数的龟，但仍然对这一物种的生理结构感到陌生。曾经，生物学家认为龟在水下无法发声，因为他们坚信空气在体内循环是发声的生理前提，而龟不能通过胸腔（肋部）收缩制造空气循环。当然，这还只是推断。虽然人类已经知道龟在水下也拥有出色的听力，但仍然不了解它们长时间处于水下环境时是如何发声的。——作者注

关于水龟的主流出版物都说这些动物“不能说”，也很可能“不能听”。[②] 尽管有少量研究报告称陆龟会偶尔发出叫声，但研究人员认为即便这是真的，它们也只会在极度痛苦，或交配和濒死的时候“开口”。一些人认为，水龟的生理结构决定了它们无法发声，也限制了它们听声的能力：水龟的头部较小，它们感受双耳时差（声音抵达两侧耳朵的时间差）的能力一定很弱。而空间狭小，处于声学隔离状态的中耳空间又进一步限制了它们的听力，让龟只能大致分辨声源的方向。可真实情况令人大跌眼镜，听力欠佳的不是龟，而是人类科学家。

在费拉拉与导师争论的时候，贾尔斯正参加博士论文答辩，她的研究对象是澳大利亚西南蛇颈龟的声音。这一选题灵感来自一次意外的经历，在攻读学士学位期间，贾尔斯的研究内容是通过“标记重捕法”探究道路对龟的影响。为了掌握龟的行踪，她在一片湿地设置了多个捕捉点；而为了给近 700 只龟全都做上标记，她需要乘小船查看每一处陷阱。每到一站，贾尔斯都会小心翼翼地把捕网拖上船，给被困的

② 虽然曾有科学家研究过龟的声音，但他们的成果都被忽略或遗忘了。——作者注

龟松绑，在前往下一站的途中，她会在船上给每一只龟测体重、量身长、做标记。完成之后，她会把龟暂时留在船里，继续完成接下来几个站点的标记工作，最后再把船里的龟各自送回它们原来的地方。如果连续几个陷阱里的龟不多，那么早些时候上船的龟可能要在贾尔斯的船里待上很长时间。

贾尔斯记得，有一天，“一只龟反抗得尤其激烈，它就像一只咆哮的恐龙！我简直不敢相信，发出声音的不是三角龙，而是一只小小的龟。”贾尔斯惊呆了：“我是多么无知啊，竟然不知道龟能发出声音！”她感叹：“那声音仿佛来自一百万年以前。”澳大利亚的淡水蛇颈龟被认为起源于冈瓦纳古陆[③]，它们的叫声很可能和生活在白垩纪古老沼泽中的祖先相差无几。[④]

回到校园后，贾尔斯惊讶地发现，还从没有人系统研究过龟的声音。即便导师反对，她依然选择了将龟的叫声作为研究方向。贾尔斯感慨：“我把博士学位寄希望于那只在我的船里大喊大叫的小水龟。”当她向导师汇报自己的研究计划时，

③ 大陆漂移说所设想的南半球超级大陆，包括今天的南美洲、非洲、澳大利亚以及印度半岛和阿拉伯半岛。——译者注

④ 这种水龟只分布在巴布亚新几内亚、澳大利亚和南美洲。——作者注

得到的回应是“浪费时间”，“你最多能听到几声呼噜声”。

在缺乏参考的情况下，贾尔斯花了数月时间来筹备实地调查、制订研究方案。学校里没人知道怎么按照她的实验需求校准水听器，不过，她最后找到了一位愿意提供帮助的澳大利亚海军研究员。一开始，贾尔斯想用平板拖车把设备运进龟居住的湿地，但车子很容易就陷进潮湿而松软的泥土里，无法动弹。后来，她设计出了一种新型交通工具，这个被贾尔斯亲切地称为“全地形突击车”的装备由独轮车车轮和焊接支架组装而成，它可以跨越沙地、草地、泥地和蚂蚁的小径，把水听器运送到不同地方。

但这些都是前期准备，研究工作从进入野外才真正开始。为了寻找大多数科学家认为根本不存在的声音，贾尔斯在满是蚊虫的澳大利亚沼泽边缘一待就是几个星期。最后，她用230天的时间和500小时的录音证明了科学界的传统认知是错误的。“穿着厚重的涉水装备，在100华氏度（约38℃）的高温下拖着装备连续行进5英里（约8千米），然后静静等待，在黎明、中午、黄昏和午夜录音。”回想当初，贾尔斯表示：“我已经到了崩溃的边缘。”不过很快，所有的疲惫都被水听器捕捉到的声音驱散了：龟不仅能发声，而且声音类型丰富，日夜不息。除了水面上的叫声，它们拥有一套复杂的水下有声通信体系。贾尔斯听到了咯咯声、咔哒声、尖叫声、低鸣声、高鸣声、短啾声、长啾声、哭泣声、哀嚎声、咕哝声、低吼声、爆破声、断奏声、嚎叫声、击鼓声和有节奏的求偶歌声。2009年，《美国声学学会杂志》刊登了贾尔斯的研究发现，这也是全世界第一份关于野生龟在水下发声情况的学术报告。曾经质疑这个选题的导师告诉贾尔斯，这是他指导过的最有意思的博士学位论文之一。

不过，科学家们忽略龟的声音或许也情有可原，因为这的确是动物王国中最微弱的声音之一。龟只会“轻声细语”，不会“大声呼喊”。贾尔斯监测到的龟的叫声（大都在1~3000赫兹，部分咔哒声的频率更高）虽然在人耳可闻的范围内，但音量不大，很容易被其他声音掩盖。另外，龟不是声乐专家，也不经常发声；它们的发声间隔时间长，有时要过几分钟，甚至几小时才会对同伴做出回应。有时，贾尔斯要用数小时的等待换来一只龟的叫声，她的许多录音材料也只有两三声叫声。如果鲸鱼是大自然的歌剧演唱家，鸟儿是管弦乐团，那么龟就是安静的马林巴琴或拇指钢琴演奏者：声音频率低、时间短，必须屏息凝神才能听到。

* * *

贾尔斯贡献的关于龟声音的第一份系统性研究报告，为费拉拉的大胆假设奠定了基础：亚马孙河龟不仅能发声，还能通过声音交换信息、协调社会行为。在持怀疑态度的人看来，这个假设的后半句比前半句更加荒谬，但费拉拉希望通过这项研究解开亚马孙地区动物行为的最大谜团之一。

每年，亚马孙地区的巨型侧颈龟都会离开水面，爬上森林里的沙滩。它们跨越数百英里从四面八方赶到特定的河滩上产卵，然后再次分开。它们是怎么知道“集合时间”的？又是怎么在广袤的亚马孙丛林里及时找到彼此的？它们是否在通过有声通信协调行为？费拉拉希望找到这些问题的答案。

从殖民时代起，人类就认为龟不会发声。当葡萄牙人抵达南美的时候，挤满龟的亚马孙河道让船只难以前行。在秋季的筑巢季节，数百万只雌龟爬上河岸。欧洲人被眼前的景象惊呆了：目之所及的河岸上密密麻麻的全都是龟。被派往巴西协助划定殖民地边界的意大利天文学家乔瓦尼·安杰洛·布鲁内利写成了《亚马孙河流域》，他在书中形容聚集在河岸上一望无际的龟：“大片的河岸变得黑压压的，因为只能看到它们背上的壳。”著名博物学家亨利·沃尔特·贝茨更是形容

“龟比蚊子还多”。在殖民者看来，这些龟虽然比不上亚马孙的蝴蝶或色彩艳丽的鸟儿迷人，但它们数量庞大，有巨大的利用价值。贝茨于1864年出版的《亚马孙河上的博物学家》（该书后来一度为畅销书）被达尔文盛赞为“英国出版史上最好的自然历史游记”，不过，贝茨在书中对昆虫的细致描述和对龟的一笔带过写形成了鲜明对比，全书最令人印象深刻的评价或许是他对龟的食用价值的描述：

> 肉质很嫩，美味可口，有益健康，但后来大家都因为吃得太多感到无比腻烦。两年的时间让我彻底厌倦了龟肉，甚至连味道都不能再闻，可当时除了龟肉，我们实在没有其他东西可吃了。

贝茨在此把典型的殖民主义心态表现得淋漓尽致：龟意味着肉和金钱。初来乍到的欧洲人饥肠辘辘，移民和士兵都需要充足的食物供给才能完成扩张帝国的任务。他们带来的牛犊夭折了，卷心菜和羽衣甘蓝也因为奇怪的真菌无法食用。他们必须在当地找到一种营养丰富的食物，于是，他们把目光锁定在了一个特定物种身上。这种被葡萄牙人称为“塔塔鲁加”的河龟（“Tartaruga”在葡萄牙语中是“龟”的意思）

不仅数量众多，而且体形庞大，成年龟的体重可达 200 磅，巨大的龟壳足有 3 英尺（约 91.4 厘米）长，2 英尺（约 61 厘米）宽。捕龟非常简单，捕龟者只需把船划到它们筑巢的河岸边，把雌龟翻个“底朝天”（它们不能自己翻身），然后就可以不紧不慢地把龟抬到一旁等待的船上。一个捕龟者能在一天里捕获 100 只龟，足够 1 000 名士兵食用。

捕到龟并不意味着收获的结束，而是另一份奖赏的开端：龟蛋是重要的脂肪来源。从欧洲带来的黄油在路上变了质，如果没有植物油、蜂蜡或黄油，殖民者就不能烹饪食物、点灯取亮。龟的脂肪能很好地代替这些油脂，它被大量地运往马瑙斯、里约热内卢，甚至欧洲。而“龟蛋油”更是被殖民者誉为“这片土地的救赎”。

回到村子，殖民者会把捕到的雌龟关进畜栏，作为食用储备肉圈养起来。有时，他们一天要吃两顿龟肉。博物学家、哲学家亚历山大·费雷拉发现，这些被当地人称作“日常牛肉”的龟肉在雨季尤其“畅销”，因为降雨让捕鱼和捕猎变得更加困难（也就是贝茨所说的“物资匮乏季”）。传教士也需要这一食物来源，他们会在大斋期间享用这种“河牛肉”。人们把龟壳做成炊具、餐具、清洗用具，还有其他物件和梳子，还会在下雨天把多余的龟壳摆在泥泞的街道上当垫脚石。

据说，传教士会把龟壳当作洗礼盆。龟脖部分的皮肤既可以晒干后缝制成包袋，也可以展开做成大鼓和铃鼓的鼓面。殖民者的生活和龟有着千丝万缕的联系，就像当代社会离不开塑料一样。

与殖民者一起到来的，是逐渐取代生存捕龟的大规模商业捕龟活动。龟肉一直是土著居民重要的蛋白质来源，在人数较多的河岸村庄，土著居民会用木栅栏圈养住龟，把它们当作食物储备起来。但土著居民的捕龟活动有严格的规则和禁忌，过度捕猎是不被允许的。他们小心控制着龟的捕获量，比如帕马里人（亚马孙地区的土著居民）一直保持着人工潜水捕捞的传统。但殖民带来了一场“捕龟狂欢”。葡萄牙王室不仅征用了捕获量最大的地点，还向整个殖民地征收龟油生产税。虽然缺乏系统测算，但据可靠估计，殖民者在1700—1900年间共取走了2亿枚龟蛋，杀死了数千万只龟，而真实数量或许更多。[5]

当殖民者涌向森林，忙于关注鸟类和昆虫的博物学家彻

⑤ 历史学家和地理学家史密斯(1979年)估计殖民者采集的龟蛋总量约有2亿多枚。博物学家贝茨则推算，仅伊格社区的居民每年采集的龟蛋就多达4 800万枚。据说，一些村庄每年的龟油产量高达10万罐。——作者注

底忽略了快速消亡的龟。以贝茨为例，通过对亚马孙蝴蝶长达 11 年的跟踪研究，他发现不同种类的蝴蝶身上有着相似的图案和花纹。他将这一现象称为拟态，而贝茨氏拟态也是沿用至今的术语，指一个物种（通常无害）模仿与自己有共同掠食者，但对掠食者有害的另一物种的现象。讽刺的是，贝茨发现了动物传递危险信号的一种重要方式，却完全忽略了另外一种形式：龟的声音。

龟的故事

到 20 世纪，亚马孙地区的巨型侧颈龟已经所剩无几了。这一现象值得引起重视，因为龟出现在地球上的时间和恐龙相近。作为地球上最古老的物种之一，龟是神话故事中耐心、智慧、丰产和好运的象征。西非的伊博人认为龟极其聪明，总能从最危险、复杂的环境中脱身。在古希腊人看来，龟是多子的象征，许多雕刻作品中的阿佛洛狄忒都将脚踩在了龟背上。古埃及人相信龟能抵御邪恶。中国最早的一些文字保存在龟甲上，龟甲的形状与中国古代“天圆地方”的宇宙观神似。对阿尼什纳比人来说，地球的起源由龟背撑起，这象征着他们与大地之间的精神联系。在亚马孙地区，塔帕若斯人[6]把陶灯做成龟的形状。帕萨人[7]则相信有一只巨大的雌性神龟在保佑龟妈妈顺利生产。可是，在殖民者眼中，龟不过是一种肉，他们当中的博物学家认为龟是一种“又聋又哑”的动物。殖民让人类和龟的关系变得简单粗暴：一个是入侵的掠食者，一个是濒临灭绝的猎物。

在充满危险的森林深处和不断增多的人类定居点的夹击下，塔塔鲁加河龟的数量不断减少。里约特龙贝塔斯生物保护区曾拥有巴西最大的侧颈龟种群之一，但现在，那里的雌龟只剩下不到 600 只了。目前，大约有 3 万只不同种类的淡水龟在受保护的亚马孙河岸上生活，但上游地区已经完全不见塔塔鲁加河龟的踪影了。历史学家和地理学家奈杰尔·史密斯指出，侧颈龟和人类共同生存了数千年，“但短短 300 年的（殖民）文化就将这一物种逼到了灭绝的边缘”。

数量不断减少的龟开始向森林的更深处迁徙，但那里也更加危险。筑巢的雌性习惯大量聚集以抵御美洲虎等陆地掠食者的袭击，但这种方法更适合宽阔的河岸，在森林深处的狭窄河岸上起效甚微。产卵前，雌龟需要提高代谢水平，它

⑥ 塔帕若斯人是亚马孙地区的土著居民。——译者注

⑦ 帕萨人是亚马孙地区的土著居民。——译者注

们会每天晒太阳以吸收能量，让钙、镁等营养物质通过输卵管流向发育中的蛋壳。产卵时，它们会避开白天的炎热和掠食者，在夜间爬上河滩。经过数小时的辛苦劳作，龟妈妈会在挖好的沙坑里产大约100只卵（体形最大的可以产200只）。但长时间在陆地上让它们很容易成为攻击的目标。运气好的雌性可以安全完成生产，而运气不好的则会成为夜行的美洲虎的食物。

这些情况给费拉拉的研究制造了一个难题：找到足量的研究对象。为了消除导师对龟能发声的疑虑，费拉拉对圈养龟进行了跟踪录音，直到第4个月，她才捕捉到了第一个叫声。不过这已经足够。她向河流上游进发，希望野生龟会更加“健谈”。对圈养龟的研究让她掌握了这一物种的发声频率范围，为野外记录提供了参考依据。

* * *

费拉拉用几个月的时间仔细查看了龟筑巢的河岸，在保持距离的前提下，挑选出了合适的研究地点，她将水听器放入水中，开始倾听。自此，真正的工作开始了。正如前文提到的那样，龟的叫声大都微弱、低沉（在人类听力下限的边缘，甚至之下）、不常出现。有时，费拉拉一连录制 6 个小时都听不到一点儿声音。这意味着她可能要花费数月，甚至数年的时间收集数据。最终，她还是收集到了足够的录音并发表了第一篇研究报告。以野生龟和圈养龟为研究对象，费拉拉一共采集到了 2 122 份声音样本，清晰地证实了这一物种在水下和岸上都能发出声音。她将这些声音分成了 11 类，并人工复核了声谱图（声波的视觉展示）上每一个的波形。她找到了海龟通过声音协调行动的证据，比如“相约”到河岸上晒太阳。她解开了谜团。

在回应科学界的质疑时，费拉拉和贾尔斯指出：

> 首先，这些声音频率很低，几乎超出了人类的听力极限……此外，这些声音的持续时间很短，通常只有几分之一秒，而且音量很小。如果你在水下，蹬水或用潜水管呼吸的声音就足以掩盖它们的叫声。

此前，认为龟无法发声的普遍误解导致针对这一物种的生物声学研究几乎一片空白。但费拉拉和贾尔斯证明了龟并非无声，只是大多数研究者没有仔细去听罢了。

很快，费拉拉再次回到了她在亚马孙的研究基地，并在此后的 2 年里努力寻找着另一个问题的答案：幼龟从什么时候开始拥有通信能力？她在上一阶段的研究中发现了一个有趣的现象：雌龟会受幼龟的声音吸引，并向声源靠近、用存在固定模式的叫声回应。费拉拉相信，这是成年龟在和幼龟交流。她的假设又一次颠覆了科学界的既有认知，他们认为龟妈妈在产卵后只会一走了之。

费拉拉想，如果他们的想法是错误的呢？为了验证自己的假设，她在水中放置了水听器，并在龟巢附近安装了麦克风。为了设定基线，她把监听范围延伸到了巢穴内部。费拉拉在心里暗想，破壳前的幼龟不太可能发出声音，监听巢穴只是起到参照的作用。即便如此，她还是觉得“这样做有点傻”。为了不惊扰蛋中的生命，费拉拉蹑手蹑脚地独自登上河滩，用一套体积很小，但灵敏度极高的麦克风寻找声音。她尽量放慢动作，将麦克风伸进巢穴，整个过程可能会持续几分钟，她的麦克风甚至可以捕捉到沙粒掉落和蚊子飞舞的声音。

费拉拉在等待幼龟破壳后的声音，但她惊讶地发现，孵化前的幼龟竟然发出了声音！不仅如此，蛋壳里的幼龟还很“健谈”：以一万只幼龟为单位，费拉拉平均每 30 秒就能听到一个声音。就这样，费拉拉很快建立起了比从前更大的数据集。在一项针对胚胎和幼龟的研究中，她的研究团队一共检测到了 189 种声音，并将这些声音分成了 7 类。这些声音中的一部分只在巢穴中出现，另一些则与成年龟相同。这些还没出生的小家伙究竟在说些什么呢？研究人员至今没有找到明确的答案，但最有可能的是这些幼龟正在宣布自己做好了破壳的准备，想与其他兄弟姐妹商定出生的时间。通过协调孵化时间，幼龟们可以在破壳后协力挖开沙子，向巢穴外和水面进发。⑧声学协调像是一种生存机制：同时离开巢穴可以降低幼龟个体被掠食者袭击的概率。

与此同时，费拉拉还在关注龟妈妈——它们正在靠近河岸的水中静静地等待幼龟破壳。费拉拉表示，出生前的幼龟就在呼唤母亲，而它们的母亲也会用特殊的叫声做出回应。当幼龟奋力向河边前进时，成年雌龟会不停地呼唤它们。最后，费拉拉看到龟妈妈带着孩子游向了下游，到亚马孙森林里的安全地带过冬。发射器传回的信号显示，它们在 2 周的时间里共同迁徙了 50 多英里（80 多千米）。

---

⑧　并非所有种类的龟都会协调孵化时间，而且声音也不是协调的唯一手段（振动也可以导致同时孵化）。——作者注

费拉拉的发现令大多数爬行动物学家极为震惊，他们曾怀疑龟的听力，更不相信它们会照顾后代。后来，更多的科学家参与了这一领域的研究，发现幼龟的听力与它们所处的环境密切相关。例如，近期有研究表明棱皮龟幼龟最为敏感的听力范围（50~400赫兹）恰好与拍打河滩的波浪声（50~1 000赫兹）对应，这可能有助于它们在出生后快速确定水的方向。

基于研究发现，费拉拉和贾尔斯再次提出了一个颇具争议的观点：龟的复杂叫声很可能意味着它们拥有复杂的社会结构。这又是一个与主流观点相悖的假设。研究人员茱莉亚·莱利指出，龟的社会性在过去一直没有得到足够的研究。龟的行为与人类（哺乳动物）的社会行为相去甚远，比如，它们不会梳理毛发，也不会喂养幼崽。爬行动物的社会特征和我们人类熟知的大相径庭：它们会分享藏身的缝隙，挤在一起晒太阳，和刚出生的幼龟交流，在“商定”的地点汇合。这些社会行为大都明显地有利于物种生存（也就是进化论所说的“适应性”），尤其是母亲的陪伴和指导。通过这些研究，我们不仅更加了解了龟，也更加了解了人类自己。围绕龟的发声和通信模式的研究成果或许能帮助人类更好地了解自己的祖先——羊膜动物的发声进化过程，羊膜动物是哺乳动物、爬行动物和恐龙的共同祖先。

数字龟，数字森林

研究龟的有声通信需要极大的耐心，只有少数研究人员愿意在野外花数年时间记录龟的声音。由于人类活动可能干扰龟的行为，研究龟类的科学家正通过数字生物声学技术探寻龟的叫声与行为之间的联系。虽然相关研究还处在起步阶段，但成果很振奋人心。例如，研究人员正在探究声音在龟的捕猎活动中发挥的作用。斐济的研究人员发现，绿海龟总是大量聚集在鱼类和甲壳类动物的声音最为密集的区域，而不是海草或鱼类最多的区域，这说明它们很可能和其他掠食者一样，通过声音来寻找猎物，甚至和同伴分享信息。

用于评估淡水生态系统生物多样性的传统方法大都是侵入式的（难免会对脆弱的物种造成影响或伤害），而被动数字监听则不会对生物体和它们的栖息地造成影响。研究人员可以通过被动声学监测设备远程掌握特定地点的海龟聚集数量，并记录它们的声音。科学家还在积极地开发机器学习算法，以分析龟和其他爬行动物声音的被动声学记录数据集。这些算法仅凭声音就能识别物种。在最近的一项实验中，研究人员用两种机器学习算法（K- 最近邻算法和支持向量机算法）对 27 种爬行动物的声音进行了识别和区分，结果显示算法的平均正确率高达 98%。

研究人员还在探索通过数字声学监测的新方法了解龟的水下栖息环境。以生态声学指数为基础的机器学习算法可以监测水体和水下生态系统的健康状况。以池塘为例，通过监测这一声景的全部声音，科学家可以识别出该池塘中有哪些物种，以及这些物种居住环境的背景音。这一技术为人类了解生态系统的功能和状态提供了新的途径。数字监听技术可以同时记录并分析大量声音，比如虫、鸟、鱼、龟的声音，也可以锁定龟的声音和频率。

这些技术不仅让人类听到了龟的声音，还赋予了人类如龟一般的超凡听力。数字生物声学能捕捉到人类难以觉察的细微声响，比如食人鱼进食的声音；我们或许还能听到鲎虫节奏很快但十分轻柔的声音，这种声音人耳感受不到，但龟却能听到；我们还可以把耳朵转向拍打河岸或池塘边缘的水波，以此确定蠓可能产卵的地方——它们的卵是龟的美食。通过数字生态声学技术，人类可以知道龟正从周围的森林中获取哪些信息，事实证明森林的声音、植被和结构之间存在密切联系。[9]人耳听力有限，但电脑可以代劳，并且还能把它们听到的内容告诉我们。

新奇的数字技术优势虽多，但我们也不应夸大数字监听的潜力。亚马孙的土著居民拥有丰富而深厚的“听”的传统。在茂密的森林里，声音能传递的信息比视觉更多。土著居民大都相信有声通信并非人类独有的能力。亚马孙地区许多仪式音乐的灵感来源、参考对象和目标“听众”都是人类以外的事物：动物、植物，以及“无生命”的石头、河流等。森林居民形态各异，但也有共同特点：每个物种都有自己的语言，都会以歌舞的形式举行仪式。例如，巴西的土著居民苏亚人（他们自称 kīsêdjê）知道森林里的动物和鱼类都能与同伴交谈，它们在自己的仪式上歌唱，还能通过类似音乐的声音与其他物种交谈。声音还是一些萨满教传统仪式的核心：教徒们在森林中短暂“闭关”，学习萨满教的语言，这是成人礼的重要一步。巴西学者拉斐尔·乔斯·德梅内塞斯·巴斯托斯认为，这种对原声的“泛听”行为，既有西方科学的

⑨ 机器学习算法可以检测火灾和伐木导致的森林退化情况，贫瘠的声景意味着严重的物理破坏。科学家正在研发能将亚马孙森林的整体情况转化为数字声学信息的数字声学系统，换言之，亚马孙可能在未来拥有一个声学数字“双胞胎”。——作者注

精准，又有精神层面的调适，在一些美洲印第安文化中尤为突出，比如巴西土著居民新谷人和卡马尤拉人。倾听人类以外的声音是一件神圣的事。

* * *

巴斯托斯曾在文章中提到，他的卡马尤拉友人和合作伙伴总是不厌其烦地劝他学习聆听。一天晚上，他和朋友埃克瓦一起划船，突然，埃克瓦停下了手中的动作，一言不发。巴斯托斯询问朋友为什么停下，埃克瓦回答："你没有听到鱼在唱歌吗？"可巴斯托斯什么都没有听到。埃克瓦强烈建议他好好训练听力，巴斯托斯后来写道："回到村子，我心想埃克瓦肯定是出现了幻觉。他一定是突然来了诗意的灵感，或是经历了某种神圣的狂喜。鱼在唱歌不过是想象罢了。"几年后，巴斯托斯参加了一场在圣卡塔琳娜大学举办的生物声学讲座，在科学家的帮助下，他第一次听到了鱼的歌声。这时他意识到，埃克瓦说听到黄金鳕鱼的歌声并不是幻觉。巴斯托斯突然感到埃克瓦"像是一名勤勉的鱼类学家，而不是有感而发的诗人，或是被幻觉或狂喜冲昏了头脑的人。"巴斯托斯的耳朵关上了，而埃克瓦的耳朵却打开着。巴斯托斯继续写道，即便是卡马尤拉的孩子也能比他更早地听到飞机和船只靠近的声音。

在卡马尤拉人的语言中，“阿纳”（听）意味着“领会”，“挞”（看）则表示“知道”，相比之下，后者的范围更窄，程度更浅。过于强大的“看”总与反社会行为有关，但“听”则是知识与感受的有机结合。在卡马尤拉部落中，最优秀的聆听者往往同时拥有极高的音乐和语言艺术天赋。这些像埃克瓦一样能够感知、记忆、模仿、理解森林中其他生物的语言的人被称为“马拉卡”（音乐大师），这是一个意义非凡的荣誉称号。这种能力（卡马尤拉人认为不输于最先进的录音设备）需要与生俱来的天赋和贯穿一生的刻苦练习。

卡马尤拉人对声音的理解往往胜过西方科学，他们能准确判断是什么物种或物体发出了声响，甚至可以说出声音的发生位置和原因。这种深刻的理解建立在紧密联系的基础上：好的倾听者必须持续不断地与自身以外的事物交流。在森林中穿行的卡马尤拉人不仅在倾听动物、植物、精灵的声音，还在与它们对话——表达自己的善意，并请求对方不要伤害自己。深度聆听是一种对话形式，而西方科学家使用的数字监听技术更像是功能强大的窃听。

龟与船

西方科学界开始关注龟的叫声，是因为一只受惊的龟在杰奎琳·贾尔斯的小船里拼命吼叫（虽然音量不大）。贾尔斯并不是第一个在船上摆弄龟的科学家，但她的动作可能粗鲁了些。在亚马孙“开疆拓土”的殖民者把龟妈妈抬到船上，并留出几艘空船。他们任由仰面朝天的雌龟在船上无助地等待，同时返回到河滩，挖出它们埋在沙里的蛋，一口气打碎几千只。空船摇身一变成了大锅：殖民者往死去的幼龟、蛋黄、蛋清的混合物里兑水，然后放在太阳下暴晒。当蛋黄里的油脂浮上水面，殖民者便将其撇出，煮沸后装入陶罐保存。在等待油脂析出的时候，殖民者会把剩下的幼龟全部烤熟。龟妈妈只能无助地听着自己的孩子被杀的声音。它们可能曾拼命地呼唤孩子，也听到了孩子对自己的呼唤。殖民者或许没有听到它们的声音，或许听到了也不会在意。也许，人类是主动关闭了身体和心灵的耳朵，因为只有这样才能继续殖民和破坏环境的暴行。每一代人都有独属于他们的沉默，而后来的人们只会感到惊奇。

在亚马孙地区，人类对龟的态度正在发生转变，人们越来越认识到龟是生态系统的重要一员。它们不仅能保持水质、散播种子、帮助营养物质从水中向陆地循环，还能促进能量在特定生态系统内部和不同生态系统之间流动。虽然已有多个保护计划出台，但收效甚微。巨型侧颈龟曾广泛分布于奥里诺科和亚马孙盆地，8 个国家都有它们的身影，但现在，这一物种已濒临灭绝，它们的活动范围缩小到了原有的 2%。今天，龟依然是偷猎者眼中的食用肉、药品、装饰品和宠物。人口不足 2 万的巴西小城塔保阿在一年之内就“消耗”了 35 吨龟。以海龟为亮点的沿海生态旅游公园为保护这一物种做出了一定贡献，但分布在亚马孙河绵延数百英里的水系中的淡水龟却没有这样的待遇。巴西政府正计划在亚马孙盆地修建数百座大坝，这意味着塔塔鲁加河龟本就所剩无多的栖息地将被进一步挤占。没人知道它们能否在四分五裂的亚马孙继续生存下去。

为了挽救剩余的巨型侧颈龟，费拉拉提议通过生物声学技术为筑巢和迁徙的龟（尤其是在洪水泛滥的森林中向安全区域迁徙的成年龟和幼龟）创造一个水下“静音区”。尽管尚未得到证实，但船只的噪声很可能会影响龟的社交活动，就像鲸鱼受到的影响一样。未来，我们或许能够利用生物声学技术保护它们，预测幼龟的破壳时间，并在保持足够距离的前提下倾听幼龟跟随妈妈一起向亚马孙深处游去的声音。

鉴于人类刚刚开始倾听龟的声音，我们对这一物种的了解也非常有限。不过，它们已经给了人类一个重要提示：科学家曾经认为的“无声动物”其实能听、会“说”，还懂得交换信息。生物声学为人类推开了一扇窗，让我们发现了龟的社会行为的复杂程度远超科学家预期。谁能想到龟宝宝会在破壳前“商量”出生时间呢？谁又知道龟妈妈会在水中呼唤孩子，并带领它们去往安全的地方？想到这里，我们应当问问自己，为什么我们会对这些发现感到惊讶？龟本就具备发出和听到声音的生理机能，而默认只有哺乳动物会照顾后代更是狭隘的偏见。这些令人惊讶的发现既体现了被观察者的“不可思议”，也体现了观察者的“不可思议”；更重要的是，这只是生物声学颠覆传统认知的开始。下一章的内容将更加精彩地诠释这一观点，科学家在不久前发现了令人震惊的又一个真相：没有耳朵的物种也可以听到声音。

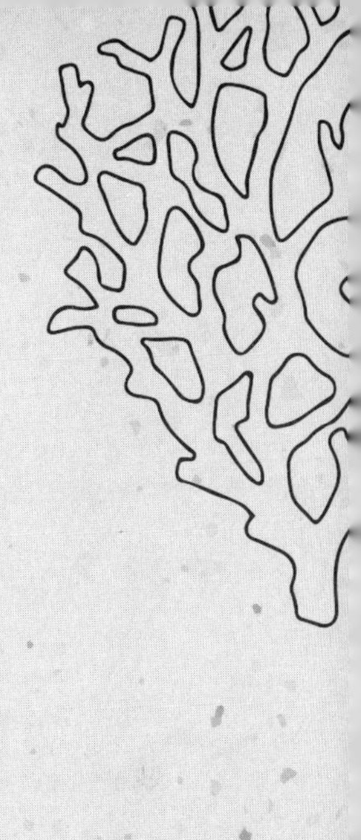

第五章

珊瑚眠歌

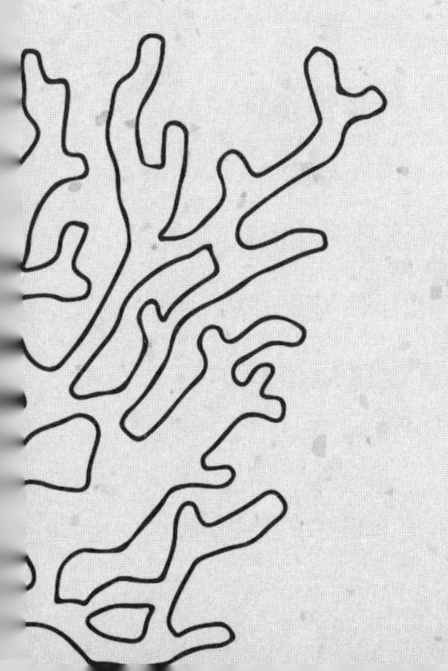
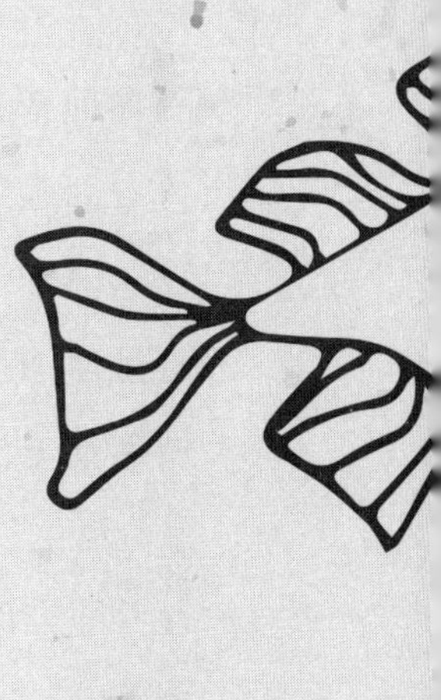

慢性毒药

气候变化是危害海洋健康的“慢性毒药”。当海洋温度上升，海水的含氧量便逐渐下降，海洋生物会无法正常呼吸。当空气中的二氧化碳含量较多时，它会和海水发生反应，生成碳酸，而这又增加了海水的酸性。与第一次工业革命前相比，海水的酸性已经上升了约30%。气候变化就像一个庞大的“苏打水制造机”，把不断增多的二氧化碳强行注入海洋。部分海洋植物，比如海藻，或许会因海水中的碳含量增加而茁壮生长；但更多的海洋生物，比如相对脆弱的珊瑚则无法在这样的环境中生存。海洋酸化会导致珊瑚礁畸形发育，因为酸性海水的钙含量较低，不能提供珊瑚骨骼生长所需的碳酸钙。在这样的环境下，珊瑚即便能够存活，也大都会呈现扭曲的聚合形态；而更多情况下，它们只会慢慢死去。

与特大火灾、海平面上升等事件相比，海洋酸化的“名气”或许不大，但它对珊瑚的破坏力却持久且强劲。在海洋酸化和海水升温的双重影响下，全球大部分地区的珊瑚礁都在迅速减少。科学家们估计，如果按照当前全球变暖趋势发展，珊瑚礁将在30年内消失殆尽，这将严重影响10亿人的生活，因为珊瑚礁不仅是他们的食物、药物来源，还发挥着保护海岸线的重要作用。

珊瑚的消失也将敲响其他物种的丧钟。珊瑚礁就像海洋中的热带雨林，虽然分布面积不足海底总面积的1/10，但却是海洋中1/3的已知物种的栖息地。最容易受气候变化影响的珊瑚拥有如分叉树枝般的身形结构，这也使得这种珊瑚成了鱼类的“天堂”，种类丰富的鱼在这里游动、捕食、繁育后代、躲避掠食者。对气候变化抵抗力较强的珊瑚往往呈穹顶状，但它们不如树杈状的珊瑚受鱼类和其他海洋生物欢迎。

除了类比之外，很难想象还有什么能帮助读者更直观地感受它强大的破坏性：假设气候变化对纽约市的影响与海洋中的珊瑚礁正在经受的程度相同，那么史无前例的热浪将导致数百万纽约市民死亡，街道变得死寂沉沉。城市建筑将接连倒塌，有毒的霉菌将吞噬断垣残壁，没有新型建筑材料来重建家园。整座城市将在2050年彻底崩坏。这便是气候变暖下的珊瑚礁的命运：它将成为海洋中的寂静鬼城。

气候变化导致的死亡

当蒂姆·戈登第一次亲眼看见珊瑚大量死亡时，他还是一名研究生。起初，他计划研究旅游摩托艇对澳大利亚大堡礁附近海域鱼类的影响。大堡礁的总面积超过13万平方英里（约34平方千米），从太空中可以看到它：那是1 500种鱼类、200种鸟类、30种鲸鱼和海豚的家园，也是世界上最大的海龟繁殖地。由于珊瑚大都是通过出芽的方式繁衍生息，大堡礁也是地球上最古老的生命体之一。但珊瑚不断减少的现状让戈登改变了研究初衷。

据澳大利亚北部海岸的土著居民回忆，在300多代人以前，海平面的高度比现在低大约400英尺（约122米），今天被海水和珊瑚覆盖的地方，曾经是他们祖先脚下的土地。

大堡礁的历史藏在土著居民的“歌之径”[1]中，他们把地貌演化编成了歌谣和寻路故事，就像一幅幅音乐地图。这些复杂而古老的歌之径是祖先留给后人的知识宝库，他们对生活的思考、规定的仪式流程，以及民族的文化记忆都蕴含其中。歌之径还记录着悠久的社会环境的历史，包括土著居民对地形、植物和动物的认识，他们的祖先在梦世纪[2]定下的规矩和律法，还有他们的宇宙观——用帕雷库[3]法律学者安伯兰·夸穆丽娜的话来说，即“正在发生的创造过程……不断变化的关系网……体现了所有生命形式之间存在的亲缘关系。”根据歌之径的记载，几千年前，大堡礁在一次大洪水之后“出生”。西方考古学家证实了这一信息，他们将大堡礁的历史追溯到了全新世初期[4]，那时，全球气温升高，海平面明显上升。

---

① 歌之径是澳大利亚原住民的先祖神灵在大地上行进的轨迹。歌之径有歌谣、绘画、舞蹈、故事等多种形式。——译者注

② 梦世纪是澳大利亚原住民的宇宙观，他们相信先祖神灵曾在大地上行进，塑造山川、创造生命，为子孙后代留下了氏族律法、祭祀仪式和万物的知识。——译者注

③ 帕雷库是澳大利亚土著民族。——译者注

④ 全新世是最年轻的地质年代，从约 1 万年前一直持续至今。——译者注

在大堡礁北面，土著居民的歌之径和游客的观光路线在蜥蜴岛重合，这座曾与大陆相连的小岛被当地的丁加尔人敬称为“迪古拉”。歌之径这样讲述小岛的起源：岛是魟的身体，珊瑚是魟的尾巴。对丁加尔人来说，迪古拉是举行成人礼和各项仪式的神圣之地；对游客来说，这里既是全世界最好的水肺潜水点之一，也是地理位置极为优越的度假胜地——不仅毗邻生物多样性极为丰富的珊瑚礁，而且生态旅游度假村和游艇等设施一应俱全。

戈登将实地考察地点定在了蜥蜴岛附近，那里是观察旅游业对珊瑚影响的绝佳地点。迪古拉周围都是茂密的珊瑚礁，是许多贝类、鱼类、儒艮和龟的家园。但就在2016年戈登即将启程前往澳大利亚时，一场可怕的热浪席卷了澳大利亚北部。

海水温度大幅波动会导致珊瑚大量死亡。珊瑚虫的健康有赖于一种生活在它们体内的共生藻类生物（即虫黄藻）。这种通过显微镜才能观察到的海藻色彩鲜艳，可以为珊瑚提供氧气和其他营养物质；“作为回报”，它们将得到一个可安全进行光合作用的环境。这种共生关系是珊瑚群落繁衍生息的基础，也因为这种密不可分的动（珊瑚）植（海藻）物关系，一些人将珊瑚礁称为“植动物”。在海水温度稳定的情况下，珊瑚群落的寿命可达数百年，甚至数千年。[⑤]但水温升高会打破这一脆弱的共生关系：海藻会释放对珊瑚有害的化学物质，珊瑚只得赶走这些色彩斑斓的植物伙伴。没有了海藻，珊瑚不仅会褪色，还会挨饿，这种现象被科学家称为“白化”。当珊瑚死亡时，其成分为碳酸钙的骨骼会逐渐裸露出来，让珊瑚看起来是暗黄白色的。

2016年，大堡礁附近的海面温度达到了前所未有的高度，大面积“白化”致使大堡礁北部超过一半的浅水珊瑚死亡。此前，频发的龙卷风已经让珊瑚礁变得脆弱不堪，而紧随其后的热浪更是给了它们致命一击：珊瑚变得苍白、硬脆、奄奄一息。匆忙赶到澳大利亚的戈登见证了或许是地球上最大、最古老的动物的最后时刻。在迪古拉附近潜水，就像“游进了一片墓园”。

面对眼前的狼藉，戈登曾想过离开，因为其他地方还有健康的珊瑚礁，他可以继续原定的研究计划。但戈登心里突

---

⑤ 每只珊瑚虫都有一个起到保护作用的石灰石骨骼结构，称为“杯状窝”。珊瑚虫会将自己固定在岩石上或海底，通过出芽生殖的方式复制出数千个克隆体，而所有克隆体的杯状窝都连在一起。无数珊瑚聚在一起就形成了珊瑚礁。科学家通过基因分析法估算珊瑚的年龄，发现一些珊瑚已经有5 000岁了。——作者注

然有了一股莫名的责任感，他想对这一次“见证”负责到底。最后，他没有改变研究地点，而是改变了博士论文的研究方向：他要记录那些因为珊瑚消失而开始死去的鱼类的声音，以见证大堡礁的衰落。

在构思新的研究课题时，戈登借鉴了鱼类生物声学领域研究的传统经验——威廉·塔沃尔加等先驱在20世纪中期取得的成果。塔沃尔加在佛罗里达州的“海洋世界”公园开启了自己的研究生涯，那里的海豚表演的导演是全世界首位海豚训练师阿道夫·弗罗恩，每年都能吸引大约50万名游客。虽然海豚表演十分火爆，但塔沃尔加和身为鱼类行为学家的妻子玛格丽特·塔沃尔加却被一个不起眼的小动物吸引了目光：在“海洋世界”公园的小池塘里随处可见的虾虎鱼。20世纪50年代初的一天，伍兹霍尔海洋研究所的特德·贝勒博士到公园录制海豚的声音。塔沃尔加招待了他，并和贝勒博士一起观察虾虎鱼，发现雄性虾虎鱼在求偶时，身体的颜色会发生急剧变化。贝勒在心里暗想，虾虎鱼会不会发声呢？这个问题有些离经叛道，因为当时的科学界普遍认为鱼类不能发声。但是，这个问题已经在塔沃尔加心里埋藏许久了：他听说某些鱼类（比如石首鱼）会在产卵时发声，还听说诺贝尔奖得主卡尔·冯·弗里希将鲇鱼训练出了回应哨声的能力。

但由于科学界的认知偏见，所以没人愿意资助他们购置录音设备。

塔沃尔加仔细查看了贝勒的设备——一个麦克风，一个扬声器，还有一个破旧不堪的二手威廉姆森扩音器，没有一样是防水的。因此，塔沃尔加把麦克风包在了一只安全套里，并将其伸到水箱中一只雄性虾虎鱼的家（一只空的蜗牛壳）门前，这时，水箱里没有雌性虾虎鱼。随后，两人把一只雌性虾虎鱼放入水箱，几乎同一时间，他们听到了细微的咕哝声：声音的节奏与雄性虾虎鱼摆动头部的动作完全同步。这是西方科学家对鱼类发声的最早记录之一，塔沃尔加后来才知道自己是多么幸运：雄性虾虎鱼只在求偶舞蹈时才发出声音。

* * *

受到塔沃尔加的启发，研究鱼类的生物学家纷纷开始了类似研究，惊人的发现接踵而至：虾的啪嗒声，海豚的咔哒声，还有鱼的歌声——它们磨牙和振动鱼鳔的声音能传出几英里。事实证明，海洋很热闹，海洋生物既能听到声音又能发出声音，且范围非常宽广，远远超出了人类的听力范围。在随后的几十年里，围绕海洋声音和声学通信的研究蓬勃发展，但这依然是一个冷门领域，因为只有意志极坚强的研究人员才愿意为了获取高质量的录音，带着笨重的模拟设备去到足够安静的地方。不过，就在蒂姆·戈登启动研究计划的几年前，新一代价格更加低廉的自动录音设备问世，让更多人拥有了成为海洋生物声学家的机会。与传统的模拟方法相比，戈登可以通过这些设备实现更低成本、更大范围、影响更小的监测。

戈登知道，健康的珊瑚礁是"热闹"的，声波源源不断，就像水下管弦乐队在集体演奏，或是爵士乐队在即兴表演。座头鲸是大堡礁的女高音歌唱家；由小丑鱼、鳕鱼、鹦嘴鱼组成的合唱团分别发出嘀嘀、咕哝、嘎吱的声音；海胆的声音像是大号；海豚和虾是打击乐手，海豚能发出颤声，虾钳制造的气泡会在爆裂时发出"啪"的一声；龙虾在贝壳上摩擦触角的声音就像硬物划过洗衣板；雨水、海浪和风的声音是强节拍。这场音乐会的最佳听觉体验应该是在满月的午夜，因为鱼儿的大合唱会在这时达到最高潮。你不必争抢前排座位，因为它们的歌声可以传出 50 英里（约 80.5 千米）远，鲸鱼的声音更是能响彻数百英里。珊瑚礁的丰富声景吸引了众多科学家的注意，这些丰富而欢乐的喧闹声包含着大量有价值的信息。

在科学家们看来，声学监测手段尤其适合珊瑚礁。与视觉调查方法相比，持续的声学监测更能高效地获取这一敏感环境的信息，而且对环境的影响更小。过去，研究人员必须亲自潜水去到不同地点，但这种信息收集方式不仅程序复杂、过程耗时、价格昂贵，还常常出现采样偏差，因为人的出现可能引起鱼类的躲避和远离行为。现在，数字记录设备可以让科学家们在无干扰的环境下对珊瑚礁附近的海洋生物进行监测活动。只需几个小时，录音设备采集的信息就足够让科学家们对生态系统的功能情况作出评估：科学家们可以根据声谱图估算出珊瑚礁附近食草动物和浮游生物的总量，甚至能确定这片珊瑚礁居住着哪些种类的珊瑚。特定事件有其独特的声音特征，比如鱼群逃离捕食者所发出的声音，研究人员可以通过这些声音掌握珊瑚礁的情况。由于声音比光线更适合在水下传播，数字生物声学便自然成了人类了解水下世界的更好方式，这种非侵入式的手段不仅功能强大，而且表现稳定。

海洋声景还可以反映珊瑚礁的健康状况：健康的生态系统往往比不健康的生态系统拥有更为丰富的声音。不健康的生态系统的声谱图就像有碎片缺失的、不完整的拼图——如果有入侵物种，那它们就不是这幅拼图缺失的碎片。和放射科医生能通过观察 X 光片评估患者的病情一样，训练有素的科学家也能通过观察一段时间内的声谱图判断珊瑚礁和生态系统是否健康。珊瑚礁的退化可能在人眼可见以前就已经从它们的声音中显现出来了。

为了掌握大堡礁生物多样性的变化情况，多年来，科学家们一直在跟踪记录这里的声景，也已经建起了一个大堡礁水下声景录音数据集。戈登推测，白化珊瑚礁的声景也会退化。为了验证这一假设，他布置了一个被动声学监测阵列来记录白化珊瑚礁的声音。戈登将这些录音与在珊瑚礁白化以前，在同一地点的录音进行仔细比对，结果发现声音的数量和种类都明显减少。与白化前相比，退化的珊瑚礁静得出奇。虽然科学家们总会尽量保持理性，但面对愈发衰弱的珊瑚礁，也难免感到失落。戈登用录音见证着珊瑚礁的死亡。[6] 最后，一些设备再也捕捉不到一丝声响了。

---

⑥ 在 2016 年的大规模白化事件发生后不久，同样的悲剧在 2017 年再次上演，让珊瑚礁根本没有恢复的时间。——作者注

鱼儿寻路

戈登知道，大堡礁很难再恢复从前的模样了。有研究表明，鱼类会避开将死或已死的珊瑚礁，即便刚出生的小鱼也是如此。戈登的导师史蒂夫·辛普森发现了生物声学在这一现象中的重要作用——成鱼和仔鱼会因为讨厌濒死的珊瑚礁的声音而躲避它。

这一发现得益于辛普森对一个未解之谜的好奇。几乎所有珊瑚礁鱼类都会在出生后离开“家乡”，在海上度过几天到几周的时间，再回到珊瑚礁定居。直到20世纪90年代末，科学家们依然认为海里的仔鱼没有自主意识，只是被动地任由洋流将它们带到某个地方。不过，这一看法很快被推翻了，因为新的实验结果表明仔鱼会向着特定的方向前进；换言之，它们会自主选择定居点。在一项实地研究中，研究人员标记了1 000万条仔鱼，并持续追踪仔鱼的动向直到它们定居。研究人员发现，这些仔鱼非但没有随波逐流，反而展现出了精确的导航能力和强大的游泳实力。为了抵达“心仪”的珊瑚礁，它们常常在大海中逆着洋流方向前进。这些发现令人震惊，因为刚出生的仔鱼没有耳朵，也没有尾巴和鳍，体长往往不足1/20英寸（约0.13厘米）；即便在抵达定居点的时候，它们的体长也不超过 1 英寸（约 2.54 厘米）。虽然实验室研究表明，海洋鱼类的生长速度较快，出生一两周的仔鱼就是精力充沛的游泳能手。但这并不足以解释它们是如何确定前进方向的。辛普森想，它们会不会是通过声音找到回家的路呢？

辛普森知道，声音在水下的传播不受洋流影响。他还知道健康珊瑚礁的喧闹声在几英里外都能听到。就在他启动研究的同时，美国海军解密了一系列关于珊瑚礁噪声的研究报告：报告内容显示，在平静条件下，珊瑚礁的噪声可以传出 55 英里（约 88.50 千米）。这些噪声的强度受天体运动影响，在黄昏至午夜达到高潮，并同时呈现与太阳周期（峰值出现在新月，此时，仔鱼在黑暗的保护下可以更好地躲避掠食者的袭击）和季节周期（峰值出现在晚春和夏季）吻合的变化模式。有趣的是，辛普森还发现天体运行周期与鱼类在珊瑚礁定居的时间密切相关。此前，在实验室内进行的回放实验已经证实，仔鱼不仅能听到珊瑚礁的声音，还能判断声源的方向。这是否就是鱼类能在广袤无垠的海洋里穿越暴风雨、洋流、海浪和大风回到“家乡”的原因？

为了回答这个问题，雄心勃勃的辛普森计划进行一场大规模声学回放实验。他在盛夏的新月期录下了珊瑚礁的“黄昏大合唱”（对仔鱼来说，这是极富吸引力的家的召唤）。然后，他将实验设备固定在海底沙地的系船柱上，那里距离珊瑚礁还有相当一段距离。辛普森在一半的系船柱上安装了光陷阱和扬声器，扬声器循环播放录音。另一半系船柱则作为控制组：它们虽然也有一样的光陷阱和扬声器，但扬声器保持静音。仔鱼会进入听起来像是健康珊瑚礁的陷阱，还是会更多地受到光的吸引（在这种情况下，它们出现在两种陷阱中的数量应该相同）？在连续 3 个月的时间里，总共捕获了超过 30 万只无脊椎动物和 45 000 条寻找定居点的仔鱼。研究人员每天晚上都会拉起陷阱，并对比两种陷阱中的仔鱼数量。结果显示，出现在有声陷阱中的仔鱼不仅数量更多（67%），而且种类也更丰富。研究人员在有声陷阱中一共发现了 81 种鱼类，这说明许多物种都能感知并追踪健康珊瑚礁的声音。通过这一实验，辛普森证明了海洋里的仔鱼会被珊瑚礁的声音吸引，就像飞蛾会向着光亮前进一样。

在后续研究中，辛普森将研究对象换成了稍大一些的仔鱼，结果如出一辙，这些鱼同样会朝着珊瑚礁的声音前进。不过，辛普森还收获了一个新发现：不同种类的鱼有不同的声音偏好。金线鱼科（鞭尾金线鱼）更喜欢潟湖礁的声音；雀鲷科（豆娘鱼和小丑鱼）则偏爱海面附近岸礁的声音。辛普森的实验证明，鱼类能根据“心仪”的声音确定旅行方向，还能以此判断珊瑚礁是否宜居，它们会在全面分析之后决定是否留下（在科学专业术语中，这一过程被称为微生境选择）。

辛普森的论文揭示了珊瑚礁的声音对珊瑚礁鱼类至关重要——珊瑚礁的声音是以此为家的生物的大合唱，这些声音既是珊瑚礁鱼类判断方向的依据，也是它们选择栖息地的重要参考。面对这一结论，科学界产生了分歧，部分人认为这种观点过于激进。但后续研究不仅再次证实了辛普森的结论，还证实了该结论同样适用于其他物种。健康的珊瑚礁往往充斥着鱼类和甲壳类动物的声音，这些声音又会吸引更多的鱼类、甲科类动物（包括幼虾和幼蟹），甚至海龟。此外，还有研究发现部分海洋生物的幼崽会主动躲避摩托艇的噪声。在珊瑚礁附近，仔鱼和其他海洋生物可以通过珊瑚礁自身的化学变化中感知信息，但在远离珊瑚礁的海洋里，声音是它们的主要判断依据。无脊椎动物和仔鱼并非像人们曾经认为的那样任由洋流将它们带到任何地方，而是会通过声音主动寻找、选择合适的栖息地（或避开不合适的地方），而一些浮游甲壳动物则会主动避开掠食者密集的珊瑚礁。

* * *

科学界对这些关于仔鱼的发现感到震惊。正如一位资深海洋生物学家所说："仔鱼的行为研究已经有了许多令人惊讶的发现，它们的能力，不论是范围还是复杂程度，都远超人类的预期，让我们不得不重新认识它们。"然而，科学进步之所以令人惊奇，往往是因为人类还很无知。如果科学家们能和当地渔民加强交流，他们很可能更早发现这个知识盲区。音乐家、信息科学家艾丽斯·埃尔德里奇讲述了生活在大堡礁以北的印度尼西亚群岛上渔民的故事：他们会把木桨的一端放入海中，再把另一端贴近耳朵，这样就能清楚地听到健康珊瑚礁特有的声景（最高频率在 4 000~6 000 赫兹，恰好是人类听力的下限）：鱼类的叫声、咕噜声，虾的咔嚓声，是当地渔民寻找猎物的依据。

20 世纪 80 年代中期，联合国教科文组织重新修订并发布了太平洋沿海生态系统土著知识卷，里面记录了许多早期科学家针对传统捕鱼方法的科研故事。鲍勃·约翰尼斯在帕劳开展了数十年的研究，在与当地渔民的交流中，他发现这些土著渔民有着许多捕鱼禁忌，这种可持续的捕鱼管理模式与已经蔓延至世界各地的工业化“大屠杀式”捕鱼形成了强烈对比。土著渔民告诉他，珊瑚礁鱼类会在出生后不久离开珊瑚礁，到大海中度过数周到数月的时间，在这段时间里，仔鱼的表现看似和浮游生物没有区别——这很符合西方科学家对它们的认知。但渔民还告诉他，至少 5 个种类的仔鱼能在长大后分辨方向：它们可以发现 1 英里（约 1.6 千米）外的珊瑚礁，并游向它，然后定居在那里。

帕劳的土著渔民不仅知道仔鱼可以在大海中分辨方向，还尤其注重学习、拓展相关知识，并加以利用。他们会用棍子和绳子将特定种类的藻类和植被悬吊在海水中，打造人工育苗场。通过这种方式，他们能将仔鱼吸引到育苗场定居，然后静静等待，收获成鱼。其他地方（如瓦努阿图）的渔民还会在鱼类产卵期间暂停捕鱼活动，以免过度捕捞，危害鱼群健康；他们的禁渔期有时长达几个月。土著渔民就像海里的牧羊人，因为他们的捕鱼活动和仔鱼的行为模式高度适应。太平洋其他地区（比如马绍尔群岛）的渔民会将他们所了解的海洋之声编成歌曲——将洋流、天气、动物和环境声有关的知识编排成富有节奏的语句，并吟咏出来。这些复杂的歌曲既有文化底蕴，又有导航功能。

约翰尼斯在 1981 年公布了自己的研究发现，但他的成果遭到了主流研究鱼类的生物学家的抵制和无视。根据土著渔民的说法，仔鱼有选择栖息地的能力，即它们能自主决定在哪片珊瑚礁定居。几乎所有科学家都认为这种观点有些异想天开（甚至荒谬可笑），因此也没人愿意做跟进研究。尽管约翰尼斯凭借这些发现获得了古根海姆奖，但直到 20 年后，他的结论才被史蒂夫·辛普森等人再次证实。在那以前，大部分渔业科学家依然认为珊瑚礁仔鱼只会随波逐流，这种观点不仅错误，而且有害：导致科学家们对鱼类种群数量严重误估，以及由此引发一系列管理失误。

珊瑚合唱

直到 2010 年，辛普森的主要研究对象都是鱼类，但一封不期而至的邮件促使他将研究重点转移到了珊瑚虫身上。这封邮件来自一个荷兰的科研团队，团队的科学家正在库拉索[⑦]研究珊瑚的集体产卵现象。大堡礁的珊瑚每年都会在满月期间集体产卵：在某种未知信号的协调下，整个大堡礁的珊瑚

⑦　库拉索位于加勒比海南部，靠近委内瑞拉海岸，该岛主权属荷兰王国。——译者注

会同时将精子和卵子释放到海水中。霎时间，数以百万计的卵子和精子在水中翻滚，犹如无数的红色、橙色、白色、黄色的“小球”状烟花在水中绽放。时机是珊瑚产卵受精成功的关键，因为它们的精子和卵子只能在水里存活几个小时，大规模产卵能提高受精的成功率。这场仪式还会引发一场掠食狂欢，鱿鱼、鲨鱼，甚至鲸鱼都会被吸引过来。成功受精并幸存下来的珊瑚幼虫会在海里度过数周到数月的时间，在这期间，它们要一边躲避掠食者，一边努力成长。最后，它们会在一片合适的珊瑚礁上度过余生。

在荷兰的研究小组和辛普森取得联系以前，科学家们普遍认为受精成功的珊瑚幼虫只会在大海里无意识地漂荡，然后随机落在一片珊瑚礁上。但研究小组想，万一珊瑚幼虫和仔鱼一样能对声音做出反应呢？如果它们也可以听到珊瑚礁的声景，并以此选择安家的地方呢？辛普森不敢相信：“你们肯定是疯了。它们不过是漂浮在水里的团状物——大约 1 毫米长，形状像鸡蛋，周围包裹着用来游泳和觅食的毛细胞。”辛普森知道，珊瑚幼虫是结构简单的生物体，它们没有耳朵或其他听觉器官，也没有大脑和中枢神经系统。这样看来，它们不可能“听”到声音，更不可能对声音做出反应。但荷兰研究人员设计了一个精妙的实验，他们在特殊的珊瑚饲养池里培育了数十万只珊瑚幼虫。这个特殊的饲养池在某种意义上可以称为“可选择的空间”，类似水下迷宫，珊瑚幼虫聚集在饲养池中心，四周围绕多个呈放射状排列的通道，每个通道内都装有扬声器，播放着不同声音——有的播放健康的珊瑚礁声音，有的播放白噪声，剩余的则保持静音。如果微小的珊瑚幼虫偏爱某种声音，那么它们就应该更多地出现在播放相应声音的通道里。

出于好奇，辛普森接受了研究小组的合作邀请，虽然他对实验结果并不抱任何希望。不过，真实情况令他大吃一惊：珊瑚幼虫真的会向它们喜欢的珊瑚礁的声音靠近、聚集。为了增强实验结果的说服力，研究小组在对潮汐、月相和洋流等变量操控的基础上，进行了多次实验，结果无一不验证了他们的发现。对当时的科学界来说，鱼类能选择栖息地并不稀奇，因为它们拥有听觉和嗅觉，但珊瑚幼虫同样可以做到这些，着实让人吃惊。

珊瑚幼虫是如何完成这一壮举的呢？辛普森后来推测，它们一定是用身体“听到”声音的。珊瑚幼虫全身覆盖着纤毛——一种功能类似受体系统的毛细胞。和其他海洋无脊椎动物一样，珊瑚幼虫能通过纤毛感知水流，这也是它们了解周围环境信息的主要方式。人类的内耳也覆盖着一层薄薄的毛细胞，声波会带动毛细胞震动，鼓膜又会将信号进一步增强。珊瑚幼虫也有细小的纤毛，但这些纤毛不在它们的“耳朵”内部，而在身体外部。辛普森形容，珊瑚幼虫就像“在水里游动的里外翻转的小耳朵”。珊瑚幼虫的毛细胞可以感知声波在水下传播时产生的粒子运动；它们还能通过缓慢移动毛细胞感受声波的渐变情况，以此确定声源的方向。珊瑚幼虫的纤毛会做有节奏的运动，像微型船桨一样推着身体向目标方向前进。辛普森对这一现象作了极其精炼的总结：纤毛是珊瑚幼虫的耳朵、眼睛、胳膊和腿，是纤毛让这些极小的动物得以感受声音，向着家的方向游去。

辛普森证明了珊瑚会对珊瑚礁的声音做出反应，但没人知道珊瑚本身是否能发出声音。2021年，南佛罗里达州立大学的一组研究人员在刺星珊瑚的体内发现了与接收和释放声波有关的基因。在后续研究中，研究人员将刺星珊瑚发出的超声波记录了下来，这些声音大都在夜间发出，与鱼类和珊瑚幼虫定居的时间基本一致，[8]但围绕着这些发现的未解之谜

[8] 通过成熟的遗传分析手段（聚合酶链式反应检查），研究人员在刺星珊瑚的脱氧核糖核酸样本中发现了FOLH基因和TRPV基因，这些基因也存在于海葵和水螅（与珊瑚虫非常相似的生物）的脱氧核糖核酸中。在针对其他物种（果蝇）的研究中，TRPV基因已经被证实与听觉有关。——作者注

还有很多。我们知道珊瑚和它们的共生藻类能通过生物化学信息进行交流，那么珊瑚之间可以通过超声波交流吗？珊瑚总在夜间，也就是珊瑚幼虫定居的高峰期，发出更多的超声波，这难道只是巧合吗？在海里漂荡的珊瑚幼虫能听到、听懂“家人”的超声波呼唤吗？

珊瑚礁 DJ

辛普森的研究为蒂姆·戈登带来了一丝希望，戈登在博士期间的研究成果已经表明气候变化让大堡礁陷入了衰退的恶性循环。由于海洋生物多样性不断丧失，白化的珊瑚礁不再拥有丰富而复杂的声景，这种退化的声景不再对幼鱼和珊瑚具有吸引力，而它们的离开又会进一步加速珊瑚礁的衰败。人造噪声（如钻探、地质探测和摩托艇的声音）会掩盖海洋的自然声，导致鱼类和珊瑚幼虫无法找到家的方位。而即便过度捕捞和海洋噪声污染能够得到控制，海水温度上升和海洋酸化似乎已经不可逆转。

一想到大堡礁即将在自己的有生之年消失，戈登就无比难过。他想利用自己的研究成果来保护珊瑚礁。比如，利用健康的珊瑚礁的声音帮助退化的珊瑚礁恢复活力。戈登知道，

“声学丰荣”技术已经在其他物种（包括人类和动物园里的动物）身上取得了不错的实验效果，但如果将该技术运用到鱼类身上必定又是一个巨大的飞跃。为此，他曾咨询过海洋科学家们的意见，他们对这一设想持怀疑态度。尽管如此，戈登还是决定大胆一试，把下一阶段的研究重点放在“声学再生”上：不再记录濒死珊瑚礁的声音，而是通过设计数字声景让这些珊瑚礁“复活”。

鉴于前期反馈大都是负面的，戈登最初的实验设计比较保守。2017年11月末，鱼类即将开始在珊瑚礁定居的时候，戈登在蜥蜴岛沿岸的几处荒芜粗砂地上建起了33个人工礁，每个人工礁都与最近的自然礁保持25米的距离。每个人工礁由死去的重达70磅（约31千克）的自然礁碎片组成，这些树枝状、平板状、圆球状的珊瑚礁碎块以相同的方式精确地排列在一起，犹如珊瑚石冢。戈登将1/3的人工礁留空，在剩余的人工礁上安装扬声器；一半的扬声器保持静音，另一半则播放他在2015年11月记录的珊瑚礁的声音。那时，大面积白化还没有发生，珊瑚礁还很健康。因为鱼类定居大都发生在夜间，因此在连续40天里，他都会在每晚的黄昏时分打开扬声器，在第二天的黎明时关闭。

戈登对扬声器吸引鱼类的短期效果很有信心，但声学丰荣的效果要等到实验结束才能揭晓：鱼类会留下，形成一个稳定的群落吗？还是会发现“被骗”，然后毅然离开？让戈登惊讶的是，实验取得了巨大成功。无声的人工礁几乎“无鱼问津”，但听起来和健康珊瑚礁无异的人工礁附近则聚集了大量鱼类——个体数量增加了1倍，物种数量也增多了50%。鱼类不仅被吸引，还留了下来。这一结果证实了之前的发现：大海中漂荡的珊瑚幼虫不仅能听到珊瑚礁的声音，还能做出反应，向声音靠近。就像自证预言一样，声学丰荣真的让珊瑚礁起死回生了。最近的研究发现，检测声景的变化可以作为珊瑚礁复苏成功的依据。印度尼西亚重获新生的珊瑚礁发出了科学家从未听过的呜呜声、呼噜声和咆哮声。越来越多的研究人员认可了这种观点，并在此基础上提出了一个修复海洋生态的新设想：在海里大规模安装扩音器，用生物声学录音打造“声波高速”，引导鱼类和其他海洋生物向特定的方向前进，即通过声学丰荣技术“指引”海洋生物找到食物、栖息地和躲避危险区域。

但戈登强调，声学丰荣不能一次性解决所有问题，因为不同物种对同一声音的反应可能非常不同。健康珊瑚礁的声音会吸引一些鱼类，也会吓跑一些甲壳类动物，因为后者会本能地避开掠食者密集的地方。珊瑚礁鱼类或许会被声音吸引，但浮泳鱼（一直在大海中游动的鱼类）则很可能忽略这些声音。录音回放的覆盖范围也很有限，而且容易受海洋环境变化的影响。不仅如此，海洋噪声污染也可能将鱼类引向不适宜生存的地方，或是掩盖健康的声音，失去“路标”的幼鱼只能在大海中漫无目的地漂荡，这时，即便是游艇的噪声都有可能将它们引向错误的方向。不过，如果人类能找到解决这些问题的办法，生物声学或许能发挥更大作用——不仅是被动监测珊瑚礁，而是主动恢复、管理生态系统。

当然，水下珊瑚交响乐并不能抵消气候变化对世界各地的珊瑚礁造成的消极影响。但通过与其他技术（如珊瑚移植和珊瑚园艺）结合，生物声学将有效提升条件适宜的栖息地的“生物回归率”。如果船舶噪声能得到控制，声学丰荣的作用还将进一步增强。戈登和辛普森盼望着生物声学能切实地帮助一些珊瑚礁恢复健康。

现在，科学家正在对全世界的珊瑚礁进行“分诊”，将精力集中在最有可能存活下来的珊瑚礁上。用于拯救大堡礁的最新技术令人眼花缭乱，仿佛是科幻小说的情节：珊瑚体外受精、机器人输送珊瑚系统（它的昵称是“幼虫机器人”）、充气式珊瑚育苗室和低温储藏。“50礁倡议”在全球范围内选出了50处最有可能幸存下来的珊瑚礁，计划打造一个珊瑚礁的“海洋种子库”。海洋生物学家西尔维娅·厄尔将被选中的地方称为“希望之地”——最有可能抵御人类影响，保留生物多样性的岛屿。声学丰荣技术可以作为辅助手段，提高这些 “希望之礁”的存活概率。为了加快声学丰荣技术的研究进度，戈登等研究人员正通过机器学习技术开展实时生物声学监测，以及时掌握物种和生态系统的变化情况，为不同地区的珊瑚礁量身打造声学丰荣音轨（就像珊瑚的个性化歌单）。

现在，辛普森和戈登正在全世界最大的珊瑚礁修复项目中测试这些技术。这一项目的修复对象是一片因炸药捕鱼而毁的珊瑚礁，位置靠近印度尼西亚海岸，面积约 5 公顷。修复的第一步是在退化的区域铺设“礁星”，即一个个相互连接的星形钢质框架。礁星是珊瑚移植的“地基”，它的表面覆盖着沙子，能为移植的珊瑚（类似植物扦插）提供生长的温床。项目启动以来，一些区域的珊瑚种群已经出现了明显增长。但珊瑚礁的恢复，尤其是在早期阶段，非常依赖幼鱼，如果没有食草动物吃掉疯长的藻类，珊瑚就会窒息。没有鱼类，研究人员就必须亲自动手，用毛刷去除框架上茂盛的藻类，这一过程有时会耗费几个月的时间。实验开始不久，戈登的声学丰荣技术就再现了它在大堡礁上的成果：健康的声景不仅增加了鱼类数量，也提高了群落捕食速率。戈登就像一位“声音推销员”，努力向鱼类宣传由他精心打造的珊瑚礁，“邀请”它们前来定居，不断测试并找到最能吸引以海藻为食的鱼类的声音。被珊瑚礁的声音吸引并选择在那里定居的鱼类，它们以海藻为食物，这让人工珊瑚礁生长得更迅速，更健康。戈登承认如今从事的工作和初入科学研究时所设想的不一样，但是，他坚信如果能够拯救珊瑚礁，自己所做的一切都是值得的。

回家

在大海中漂荡了数周的珊瑚幼虫依然能找到回家的路，这是它们最令人惊讶的能力之一。它们能分辨哪片珊瑚礁是自己的家，而非像人们曾经认为的那样随机定居。不论是鱼还是珊瑚，它们似乎都能识别而且更加偏爱出生地的声音。

珊瑚幼虫虽小，但它们的返乡之旅却堪称壮举。其他许多动物也拥有卓越的迁徙能力：鲑鱼在仅有一指长的时候就会离开生活的地方，在大海中穿越数千英里、攀升数千英尺回到家乡落基山脉的河流产卵；离家 1 000 多英里（约 1 609 千米）的信鸽能准确地返回它们的阁楼；冬季来临时，北极燕鸥会飞到25 000英里（约40 225千米）外的南极海岸过冬，然后再返回北极哺育后代。科学家大致了解这些动物归家现象背后的机制：它们能感知地球的磁场或电场，捕捉太阳的偏振光，或识别家乡的味道（哪怕仅凭一滴稀释过的水）。但与鸟类和鱼类不同，我们还不了解珊瑚幼虫，这种地球上最小、最简单的生物之一，是如何利用其感官分辨方向的。

辛普森推测，珊瑚和鱼类可能在出生时就"记住了"家的声音。珊瑚礁的声音总在满月时达到高潮，那也是珊瑚产卵的时间。在珊瑚大规模产卵的数小时内，珊瑚幼虫很可能"记住了"周围环境的声景，而且记得足够牢固，即便离开数周或数月，也依然能准确分辨出"家的声音"。珊瑚产卵的时候，每一片珊瑚礁会为孩子"哼唱"特别的摇篮曲；每当夜幕降临，珊瑚礁都会向着大海"歌唱"，提示孩子家的方向。

或许，我们不该为珊瑚礁会对珊瑚幼虫"唱歌"，或珊瑚幼虫会循着"歌声"回家感到惊讶。因为澳大利亚土著居民的歌之径（历史最为悠久的口述历史形式之一）不仅涵盖陆地，也包括大堡礁所在的"海之国"。或许每个物种都有属于自己的歌之径，并且一直在歌唱，只不过人类暂时还没有听到罢了。

人类曾认为海洋是沉默的，但我们现在知道那里其实热闹非凡，而且体形极小的海洋生物也有感知声音的能力。声音世界远比我们想象的宽广、复杂。虽然珊瑚也是动物王国的一员，但要接受这些简单生物体也有“听觉”，人类必须完成一次认知的飞跃，不过，珊瑚毕竟是动物，这次飞跃或许还不算困难。下一章，我将继续提高飞跃的难度：神秘的非人类声音不仅存在于动物王国，还与植物王国有着千丝万缕的联系。

第六章

植物合唱

假如人类可以和植物对话

2020年3月，微软的推特账户发布了一条不寻常的消息："假如人类可以和植物对话？弗洛伦斯计划正深入探究这一主题。"这条消息还附着一条视频，视频的主角是阿斯塔·罗斯韦，她是一名微软设计师，自称"融合者"[①]。衣着鲜艳的罗斯韦端着一株小小的盆栽，她面带笑容地向观众发问：

---

① 罗斯韦曾说："我们正在进入一个设计驱动合作的时代，设计师的角色将是艺术、研究、科学和工程之间的'融合'。"——译者注

如果人类可以和植物对话，我们和自然界的关系会发生怎样的变化？植物会说些什么？它们会如何回应我们呢？

视频中的罗斯韦继续介绍道，自己手中的盆栽名叫弗洛伦斯，是她的“徒弟”之一。和弗洛伦斯对话并不困难，因为它既能接收，也能发送消息。比如，我们可以对它致以平常的问候：“早上好，你好吗？”自然语言处理算法会将我们想表达的意思“翻译”成不同光线，照在弗洛伦斯身上，比如积极的情绪对应红光，消极的情绪对应蓝光。两种光线都会引起弗洛伦斯的电化学反应，而这些反应又可以被监测植物含水量和温度变化的传感器捕捉到。算法会综合分析这些数据，然后将弗洛伦斯的回答“转述”给我们。在数字技术的帮助下，弗洛伦斯可以和人类进行最基本的交流。如果问它“你渴吗？”，弗洛伦斯可能会回答：“请给我来杯水吧。”罗斯韦表示，“这不是魔法，而是科学。”在视频的结尾，罗斯韦畅想了未来世界的景象：农作物和家里的花草都会更加快乐、健康。

不过，这条推文的效果或许没有达到微软公司的预期。一位名叫“午夜狂人”的网友开玩笑似的评论道：“草坪可千万不要说话。如果修剪草坪的时候满耳都是杂草的尖叫声，那该有多么可怕啊！”这不禁让人想到谷歌在2019年的愚人节发布的一条恶搞视频：视频中的郁金香飞扬跋扈、蛮不讲理，不停地指挥人类给自己浇水、施肥、改善光照、拓宽空间。在谷歌开展的一场针对人植对话未来的想象项目中，“勤于思考”的植物还提出了存在主义的问题（它向人类发问：“我存在的意义是什么？”），不过，疲于应对的人类没有做出回应。谷歌似乎在暗示我们，即便植物真能与人类交流，我们也不一定爱听，或根本不愿花时间去听植物说的话。

弗洛伦斯计划是近年来大量涌现的“数字强化植物”案例之一。一款名为“植物信号”的装置能将植物和土壤间的电压差转换成声信号：土壤越干燥，声信号的音调越高——植物会在“口渴”时通过手机应用程序对主人“尖叫”。“植物之声”（该装置不仅登上了《连线》杂志，还得到了硅谷权威人士蒂姆·奥莱利的高度评价，甚至成了现代艺术博物馆的永久收藏）不仅能检测家养植物的土壤湿度，还能将数据转换成社交媒体的推文。“口渴”的植物会在推特更新状态（“请给我浇浇水吧”），喝饱后，它们会再发一条表示感谢的推文。名为“植物波”的装置号称能让植物变得“可听”，并且可以将植物的电信号转化成电子舞曲。迪士尼的“音乐绿植”则是一种触觉反应装置。研究人员将兰花与电脑相连，只要以不同方式触碰兰花，电脑就会发出与之对应的声音：如果抚摸兰花的叶片，电脑会播放悦耳的旋律；如果拍打兰花的花茎，电脑会播放一阵打鼓声。

* * *

长久以来，人类对于植物和音乐存在联系的观点确信不疑，而上述装置也正是这一观点影响下的人类杰作，并且尝试着有所突破。查尔斯·达尔文认为音乐是语言的先驱，他相信语言之所以出现，是因为它在性别选择中具有适应性价值。在《乡村音乐》(*Rustic Sounds*)中，达尔文的儿子弗朗西斯（他也是一位著名的生物学家）提到了植物的管状茎与音乐的首次结缘：“很久很久以前，在人类还未出现的时候，植物的管状茎就已经存在了。但直到无数个世纪之后，潘神[2]才用它吹出了第一个音符。”不过，上面提到的装置并

② 潘神是希腊传说中的牧神。传说潘神爱慕自然女神绪任克斯，但这位女神害怕他，于是变成了一丛芦苇，躲了起来。后来，潘神折了不同长度的芦苇，用蜜蜡拼接起来，造出了一支牧羊人之笛。——译者注

不能真的让植物发声，与其说它们实现了人类与植物的对话，不如说它们用科技手段完成了一次巧妙的信息转换。以“植物之声”为例，埋在土里的传感器能捕捉土壤流失水分时电导率的变化。它可以提醒人们注意植物脱水，但不能让植物“开口说话”；我们听不到植物的话语，只能得到土壤湿度数据经计算机算法转化而成的语音或文本信息。同样，迪士尼的“音乐绿植”看似复杂，但原理非常简单。只需邮购一些零件（这些零件在创客空间和大学实验室里非常常见，而且价格低廉），然后将这些零件插入植物，它们便获得了触敏功能，类似智能手机的触摸屏，这样，一株会唱歌的植物便被创造出来了。

事实上，弗洛伦斯“开口说话”并不新奇，人类在一个多世纪以前就掌握了这一科技。在与查尔斯·达尔文进行书信探讨后，英国生理学家约翰·伯登·桑德森在1873年发现了捕蝇草的电信号，并凭借这一成就在1882年获得了英国皇家学会的皇家勋章。同样在100多年前，知识广博的印度科学家贾格迪什·钱德拉·博斯以桑德森的发现为基础，进一步证实了植物会用电脉冲“回应”环境刺激，且过程与动物神经的反应类似。我们现在知道，电信号（以及生物化学信号）对植物的许多生理过程起着调节作用，“植物信号”

和“唱歌的植物”等装置的运行正是运用了这一重要原理。与之相类似，其他号称能实现“人植对话”的通信装置也不过是将与土壤和植物状态有关的物理变量转化成了声信号而已。

这些信号不是植物的声音，而是人类的“杰作”，是人造传感器和转换器发出的声音。当我们倾听弗洛伦斯时，我们听到的是自己的声音，只不过那些声音披上了植物的外衣；我们像是站在游乐场的哈哈镜前，跟变形的自己互动。不仅如此，这些装置的发明者都忽略了关键的一点：植物本身也能发出和听到声音，只是它们特有的声音刚刚开始被科学家发现。

植物声学

“植物声学”即以植物为研究对象的生物声学，它研究的是植物如何发声，又是如何对声音做出反应的。这是一个相对年轻的学科，还存在诸多争议。人类能潜意识地接受植物对光和触摸有反应；科学文献中也不乏对植物的其他通信方式和信号传输方式，例如挥发性有机化合物通过空气传播，养分通过共生关系、底土组合、根系—真菌进行交换的记载。

然而，研究人员在不久前证实了植物还能对声音做出反应（向声性）。例如，当暴露在特定频率的声波下，农作物的产量、耐旱性和类黄酮含量都会提高，甚至生理机能、化学结构和特性、基因表达也会发生变化。研究人员已经证实超声波可以提高部分植物的抗虫性，而且正在尝试用无人机播放超声波替代传统的杀虫剂。农业科学家还在探索通过植物声学了解作物结构的力学性能，提高作物产量，评估作物的生理机能和健康状况。植物能对声音做出反应已经是许多研究的一致性的结论。

但对于植物也能发声的观点，大部分人仍表示怀疑。这或许是因为植物和动物在解剖学上有着本质区别：植物没有声带，也没有耳朵。这份抗拒还可能来自西方世界根深蒂固、存在已有几个世纪的观点，即动物和植物是两个完全不同的概念。亚里士多德，这个可能是西方世界用科学的方法观察生命的开创者，将生命归为人类、动物和植物 3 大类。他认为，虽然所有生命都有灵魂，但只有人类有“理性的灵魂”。动物虽掌握一定程度的知识，但它们只有“感觉的灵魂”。而植物是三种生命中等级最低的，它们只有“植物的灵魂”或“吸收营养的灵魂”。直到中世纪，亚里士多德的这个观点在动物研究领域一直被奉为圭臬，他也被认为是西方动物学的奠基人。在植物研究方面，他的学生特奥弗拉斯图斯的成果更为丰硕，并被誉为西方植物学之父。

直到今天，动物学家和植物学家依然是旗帜鲜明的两支队伍，但这种划分正在变得模糊，因为越来越多的科学家开始研究植物的声信号和声行为。在过去的几十年里，哲学家、植物学家和科学教育工作者发表了大量关于植物感觉的前瞻性成果，例如哲学家迈克尔·马尔德的《植物思维》（*Plant-Thinking*）、森林生态学家苏珊娜·西马德的《寻找母亲树》（*In Search of the Mother Tree*），还有进化生态学家莫妮卡·加利亚诺的《植物说》（*Thus Spoke the Plant*）。2013 年，记者迈克尔·波伦在《纽约客》发表了一篇题为《智能植物》的文章，报道了这些研究人员的研究成果：他们通过实验证实了植物拥有记忆，甚至还有预判事件发展、和其他动植物交谈的能力。例如，植物能准确记忆上一次霜冻的时间，即便被连根拔起、移植到陌生环境，它们依然可以调整到合适的角度迎接太阳升起，植物相互连接的根还表现出了某种“群体智能”。这些能力体现在植物主动感知、回应周围环境的过程中。曾是植物学家的人类学家娜塔莎·迈尔斯将支撑这些行为的复杂机制称为“植物感观”，这是一个全新的研究领域。迈尔斯指出，相关研究的目的不是证实植物也可以用类似人类的方式去感知外界，而是创造一种全新的植物认识论——以植物为中心，用于分析它们是如何感知环境、发送信号的全新框架。

植物声学是这一新兴领域中的“冷门”学科。借助灵敏的麦克风，研究人员发现一些植物能发出人耳听不到的超声波。落叶树和常绿树的叶子都会在水分流失时发出超声波，这可能和干旱应激有关。部分昆虫和哺乳动物能听到这些声音，但人类不行。人类还未能掌握植物发出和感知声音的确切机制。一些科学家认为，声音可能是植物含水量波动引起的机械变化（植物的质量、硬度和结构都会在失水时改变）的结果，也有人认为声音源自植物呼吸或新陈代谢过程中产生的气泡或压力变化，还有人提出发出声音的可能是正在运动的植物细胞器。这些声音是植物生理过程的“副产品”，类似人类感到饥饿时肚子发出的咕噜声。正如植物生态学家罗宾·沃尔·基默尔所说：“这些所谓存在的声音，并不是真正意义上的声音。”

科学家们借助激光多普勒振动计等精密仪器，还监测到了植物频率极低、难以察觉的振动。例如，失水的嫩玉米会发出咔哒声，根据失水程度不同，声音也随之改变。在一项对番茄植株的研究中，科学家用激光振动计观测番茄叶片的振动频率（施加外力后）与叶片含水量之间的关系，结果发现缺水情况严重的叶片振动频率更低。在另一项实验中，研究人员发现番茄和烟草植株都会在脱水和剪枝的状态下发出声音，而烟草植株在脱水时发出的声音更响亮。在这项实验中，研究人员研发出了一种机器学习算法，可以仅凭植物的声音判断它的状态（失水、剪枝或完好）。简而言之，我们已经可以通过计算机程序“听出”植物的大致健康状况了。

* * *

如果人类的计算机能“听”，那么，其他生物为什么不行？于是便有了以下假设：植物不仅能感知、回应声音，还能通过声音向其他生物传递信息。科学家们已经开始着手验证这个假设，但这也打破了科学界的一个禁忌。20 世纪 70 年代，《植物的秘密生活》（*The Secret Life of Plants*）在主流科学界掀起了一场“血雨腥风”。这本书的两位作者出版了几部畅销作品，主题都是外星通信和秘密军事行动。这本书和 1979 年的后续纪录片讲述了一株与测谎仪相连的植物的故事，当时的《纽约时报》评价：这是“为中产阶级量身定制的新神秘主义伪科学”。这些作品虽然十分畅销，但在专家看来，它们是令人愤怒的新时代伪科学的象征，因此，植物的声音自然地成了研究禁地。

莫妮卡·加利亚诺是最早闯入禁地的科学家之一，她是澳大利亚南十字星大学的生物智能实验室主任。加利亚诺的想法很简单：如果把动物实验的方法，比如回放实验，用在植物身上会怎样呢？这个疑问似乎平淡无奇，但正如加利亚诺所说：“喜欢在科学研究的前沿领域提问‘如果’的人总会遭到许多批评。”加利亚诺的第二个问题的确引起了很大争议：如果实验结果表明植物对声音有反应呢？我们是否能以开放的心态做进一步研究，看看它们究竟能不能发出、感知和回应声音？加利亚诺决定对植物进行一次声学回放实验——这种实验方法一般用于动物研究，还从没有人对植物做过类似实验。

针对植物的声学回放实验比想象的更加复杂。在使用这一方法研究动物行为时，研究人员会对动物播放特定频率的声音，同时观察声音能否引起动物的反应。例如，研究人员可以以某种鸟类为研究对象，对它播放0~1 000赫兹的声音（每次将声音提高100赫兹），如果鸟儿在某个时刻突然飞走，那么，它很可能对那一时刻的声音感到不适。通过反复实验，研究人员可以较为精准地判定这种鸟类反感的声音频率范围。

要将动物实验常用的回放实验法应用于植物研究，加利亚诺必须解决两个难题。首先，植物没有明显的动作——它们只能待在原地。在动物回放实验中，声音是自变量，动物的动作是因变量，可植物不能动，那因变量应该是什么呢？其次，研究人员很难证明植物的某种反应是声音引起的，因为大多数植物不会立刻对刺激做出反应，而等待的时间越长，混杂变量就越有可能对实验结果产生影响。最后，加利亚诺选定了一个理想的观察对象——植物的根，根的弯曲是科学家们非常熟悉的植物反应。研究人员不仅可以严格控制根的所处环境，也可以相对轻易地观察它的变化。确定变量后，加利亚诺就可以提出更加具体的问题了：植物的根会因为特定频率的声音弯曲吗？她决定用玉米笋植株测试这个想法。她将刚刚发芽的玉米笋植株移植到实验室里完全相同的花盆中，让它们暴露在不同频率的声音下。经过几次实验，加利亚诺发现只有200~400赫兹的声音能让玉米笋植株的根弯曲，低于或高于这个频率范围的声音都不行。

接着，加利亚诺决定再进一步。她想，人类能发出声音，也能听到自己发出的声音，因为我们发出的和听到的声音在大致相同的频率范围内。根据这一逻辑推断，如果植物对特定频率的声音有反应，它们大概也能发出相应频率的声音。借助灵敏的麦克风，加利亚诺果真听到了玉米笋的声音，而且这些声音的频率与能够引起它们反应的声音频率范围一致。加利亚诺发表了这一研究成果，这也是第一篇有实验证据支撑，证明植物能够感知、发出、回应声音，而且经过了同行评议的文章。

这篇文章一经发表便在科学界引起了轩然大波。虽然加利亚诺的实验方法详尽，她的实验过程可以复制，实验结果也经过了独立审稿人的核验，不过，她的措辞遭到了许多科学家的抨击。一些人认为她的表达，比如“植物学习”和“植物智能”，是“不合适”的“胡扯”。虽然植物的部分行为可以被看作“学习”和“记忆”，但加利亚诺的反对者认为这并不等同于智能，其中一些人表示这些词语应该专属于拥有大脑和神经元的生物。针对这种观点，加利亚诺和她的支持者提出，“智能”应当被更广泛地定义为“能敏锐地感知并回应所处环境的变化和挑战的能力”。加利亚诺认为，将智能只局限于拥有神经元的生物的观点本身就带有一种有利于动物的偏见。包括她本人在内的一些研究人员纷纷提议，“智能”的概念应当被重新定义、拓展，将植物也囊括在内。[③]

面对反对者的质疑，加利亚诺进一步提出植物已经进化出了近似人类的感官功能：触觉（例如植物的根在碰到硬物时会有反应）、视觉（植物叶片对光亮和黑暗环境的反应不同，对不同波长的光反应也不同）、嗅觉和味觉（植物会释放、感知、回应飘散在空气中和落在它们身上的生物化学物质）。既然如此，为什么植物不能拥有与人类相似的听觉呢？在后续实验中，加利亚诺证明了豌豆的根可以感知流水的声音，并向着声音的方向生长。即便水被隔离在管道内，完全不接触土壤，豌豆的根也依然能找到水所在的方位。此后，加利亚诺再次参照动物实验设计了一项实验：她把豌豆苗放进迷宫里，在迷宫的一侧播放流水声，在另一侧播放白噪声、无声录音或不播放任何声音。她希望通过这个实验弄清 3 个问题：植物能找到水吗？它们能在限定区域内仅凭水声找到水吗？它们能在复杂声景中找到水吗？（证明它们不是向着任意声音的方向生长。）结果，这 3 个问题都得到了肯定的答

③ 这又提出了一个不在本书讨论范围内的问题，即植物是否拥有认知能力。最新研究表明，植物也能完成曾被认为只有动物能够做到的复杂行为——比如寻找养分、进行综合决策。基于此，越来越多的研究人员认为已经有足够的证据能够证明植物拥有认知能力。——作者注

案。豌豆苗在有声和无声间选择了有声，尤其是面对白噪声和水声时（两种声音的频率完全一致）豌豆苗的根明显地朝向了水声的方向。在排除了湿度影响的前提下，加利亚诺证明了豌豆可以发现流水的声音，而且能将水声和其他与生长无关的声音区分开来。

* * *

此后，研究人员不断发现其他植物也有类似能力。托莱多大学的生态学家海迪·阿佩尔发现，如果对拟南芥（一种常见杂草，也是植物研究中常用的模式生物[④]）播放毛虫咀嚼树叶的声音，即便附近没有真的毛虫存在，它也会分泌防御性化学物质。这些植物还能区分掠食者咀嚼树叶与风或虫鸣的声音，而且风和虫鸣并不能引起同样的防御反应。

接着，阿佩尔还发现了植物学习和植物记忆的证据。她准备了两组拟南芥，让其中一组暴露在毛虫咀嚼树叶的声音下。一段时间后，她对两组拟南芥同时播放毛虫咀嚼的声音，

④ 生物学家通过对选定的生物物种进行研究，以揭示某种具有普遍规律的生命现象，这种被选定的生物物种就是模式生物。——译者注

结果发现曾经暴露在类似声音下的一组比控制组的防御性物质分泌水平更高。换言之，拟南芥不仅能记住特定掠食者咀嚼叶片的声音，还能预测这些声音可能带来的影响。阿佩尔甚至通过实验证实了植物能分辨不同昆虫的声音：对掠食者的声音做出防御反应，对无害昆虫的声音置之不理。

加利亚诺和阿佩尔的研究有力地证明了植物拥有3种能力：感知声音、回应声音、区分与自己有关和无关的声音。达尔文父子是正确的，虽然比起“听”人类的音乐，植物更善于捕捉自然界的声音。或许，植物和动物本就对大自然的声音更加敏感，正如植物生物学家丹尼尔·查莫维茨所说：“（人类的）音乐和植物生长没有太大关系，对它们来说，其他声音更值得一‘听’。”

自此，问题的焦点从植物是否能感知声音变成了植物如何能，又为何要感知声音。一个难题也随之产生：植物没有耳朵和神经，它们是怎么“知道”自己在“听”什么的？例如，它们是如何区分流水声和白噪声的？又是如何判定附近有毛虫正在咀嚼的？它们的判断依据是振动（声波或机械），组织损失（机械），还是口腔分泌物（生物化学）？或者是三者的结合？科学家们对植物的信号转导机制尚不完全了解，但他们知道声波振动会对植物的激素分泌、基因表达、挥发性有机化合物的释放产生影响——这些都是植物抵御掠食者的常用手段。

科学家们对植物信号转导了解得越多，就越懂得声信号对植物有多么重要。从进化层面看，振动传感在维管束植物诞生以前就已经存在了，微藻类也有能对振动做出反应的机械感应蛋白。加利亚诺推测，声信号之所以重要，是因为振动信号的传播速度远远超过其他经植物组织传导的信号（如化学信号）。她表示："化学信号虽然有效，但声信号的传播速度更快。在掠食者出现的时候，植物肯定想以最快的速度（发现并）告诉同伴危险的存在。"与信息素等复杂的生物化学信号相比，声信号不仅具备易于接收、传播速度快、传送距离长等优势，还能适应多种介质，比如空气、水、土壤和岩石。植物能通过声信号对刺激做出迅速而系统的反应，这可能意味着发出和感知声音的能力是一种进化优势，能提高植物的生存概率。倘若真是如此，那么感知声音的能力在植物中应当是非常普遍，且存在已久的。

乍听之下，这一观点或许令人吃惊，但不要忘了，声波是能量传递的一种基本形式。经过漫长的进化，生物的声音无处不在，自然地，植物（和其他生物）也应该进化出感知声音的能力。更会"听"的生物能更好地适应环境并生存下来，这便是科学家的“听觉场景假说”。经过进化，生物拥有了感知热（温度变化导致的能量流动）的能力，同样，它们也进化出了感知声的能力。这样看，植物能“听”就不足为奇了：环境中的声音包含大量有价值的信息，感知声音、根据声音做出反应的能力对植物来说具有适应性价值，就像对动物一样。

但植物的“听”和人类的“听”一样吗？一些科学家对此表示怀疑。植物感知声音的物理机制尚不明确，有人推测，只要有类似纤毛细胞的组织存在，包括甲壳类动物的触角、珊瑚的纤毛和植物的根，生物就能对声音做出反应。目前，科学家正在测试细胞壁或细胞质膜上的机械传感器能否被特定的声音“激活”，并改变植物的生物化学物质和激素的分泌水平，甚至加速其基因的表达。

植物的触觉（机械性刺激感受）可能和听觉密切相关。例如，阿佩尔的拟南芥通过叶片表面的细毛（即毛状体）感知声音，而能够引起细毛振动的声波又与它最主要的昆虫掠食者发出的声波频率范围一致，因此，细毛就像拟南芥的机械声学触角，专门捕捉特定的危险信号。如果植物从根到叶都能“听”，那么它们的“听”不仅与人类的完全不同，而且比人类的更加敏锐。

声学协调

许多动物都进化出了从噪声中筛选有用信号的能力。想象一下，假如你和许多人同在一间餐厅，所有人都挤在餐厅中心，这时，一定没人能听清身边的人在说些什么。假如人们分散开来，根据语言（英语、克里语、法语、印地语、西班牙语、斯瓦希里语）分成不同小组，分别集中在餐厅的不同区域，这时，站在餐厅中心的你会自然地被最熟悉的语言吸引，同时忽略掉其他语言。通过划分“语言区”，每个小组都能在嘈杂中寻得一片宁静，听者只接收可以理解的声音，将无法理解的声音滤去，通过这种方式，他们可以有效地减少能量损耗。自然界中的许多物种都在使用类似的策略。当植物的听力不断进化，它们也展现出了对声波频率的不同偏好。如果一个物种的声音频率高，另一个物种的声音频率低，那么即便两个物种聚在一起，它们也能相对容易地从混杂的声音中识别出有意义的声信号。在任一生态系统中，不同物种会自动“划分领地”（如活动时间、空间和声波频率），以在声景中占有一席之地。

这种声学空间的划分即生态学中的“声学生态位假说”：在任一生态系统中，不同物种会通过进化占据不同的声学生态位，就像不同的广播电台对应不同的频率一样。这一假设最早由生物声学家伯尼·克劳斯提出。20世纪70年代，功成名就的好莱坞作曲家和音乐家克劳斯，转而拖着数百磅的设备和一盘盘的磁带深入密林，只为在大自然被工业化、城市化和农业扩张破坏殆尽前记录下它的声音。克劳斯将森林的声景看作电影的配乐，并以此为灵感提出了声学生态位假说。此后，这一假说在多种环境和生物身上得到了印证，包括南极的虎鲸、豹纹海豹和波多黎各的雨蛙。克劳斯的录音展现了进化的神奇：存在于同一地点的声音之间有着复杂的互补性。克劳斯将这种现象比喻为“伟大的动物乐团”——进化为不同生物分配了不同频率，让它们组成了一个多声部合唱团，只不过这些声音的频率大都超出了人类的听力范围。

克劳斯的大部分研究工作都是在动物声音极为丰富的热带雨林中完成的，但正如生物学家戴维·哈斯凯尔在《看不见的森林》（*The Forest Unseen*）中所写的那样，森林里还充满了植物的声音。雨滴落在厄瓜多尔雨林中的树叶上，奏出一段优美的旋律：有时像“金属火花飞溅”，有时像“低沉、清透，敲击木头般的闷响”，有时像“速记员打字的咔嗒声”。哈斯凯尔曾要求学生仅凭声音区分橡树和枫树，他说：

"我们的耳朵完全可以听出枫树的'声音'变化。"春天的嫩叶会在冬季来临时变得干、脆，叶片的声音完全不同。地球有自己的乐章，但大部分人还不会欣赏。克劳斯创造了"伟大的动物乐团"一词，但哈斯凯尔让我们知道植物也是地球交响乐团的成员。

克劳斯的"声学生态位假说"牵出了另一个有趣的猜想：发声能力会与听声能力共同进化。这一理论被科学家们称为"匹配滤波器假说"。如果这一假说成立，那么生物的听力"敏感区"应当与发声者的声信号的频率范围相一致。从这个意义上说，同物种对彼此之间的声音更加敏感。加利亚诺的玉米笋实验也证实了"匹配滤波器假说"：玉米笋能"听到"的声音和能发出的声音同在一个相对狭窄的频率范围内。

基于这一假说，科学家们进一步猜想，或许掠食者和猎物会彼此协调自己的声信号。事实上，科学家们已经在部分动物身上观察到了这种现象。例如，虎蛾的翅膀形状特殊，能干扰蝙蝠的声呐（人们后来发现，许多种类的蛾都进化出了"反蝙蝠超声波"的能力）。声学协调还存在于动物和植物之间，蝙蝠和植物的关系就是绝佳的例子。蝙蝠可以通过生物声呐"纵览"整个地区的情况，还能通过植物反射的声波"看到"它们的形状。特拉维夫大学的神经生态学家约西·约维尔已经证实，不同形状的植物在蝙蝠“听来”完全不同，植物在回声定位中的“模样”决定了它们是否能吸引蝙蝠。在共同进化的作用下，蝙蝠获得了通过生物声呐分辨植物的能力，可以抵御回声“混杂”的干扰；而需要蝙蝠传粉的植物则长出能高效反射声波的花朵和叶片——就像为蝙蝠而设的灯塔、信号灯、路牌。以吸食花蜜的蝙蝠为例，它们的目标植物往往和其他许多植物长在一起，难以区分。

科学家们选择了一种以花蜜为食的蝙蝠（帕拉斯长舌蝙蝠）为研究对象，通过实验，他们发现这种蝙蝠尤其擅长识别隐藏于人造树叶中的椭圆形和半球形物体。当一名研究人员看到一种在古巴常见的开花藤本植物(属蜜囊花科)的图片，发现它的花朵上方长着一片盘状叶片时，他顿时恍然大悟:“天啊，那一定是给蝙蝠的信号！”当时，研究人员并不知道这种植物依靠蝙蝠传粉。在后续实验中，研究人员将这种植物的叶片固定在隐藏的给食器上，结果发现蝙蝠找到目标的速度提高了50%。他们意识到，叶片是蝙蝠的指路明灯：当接收到蝙蝠回声定位的声波后，叶片会反射强力、恒定的声信号。这种叶片的特殊形状还能保证反射的声波“在任意角度保持一致”，这是吸引蝙蝠的又一利器——这种植物进化出了能让蝙蝠轻易“听到”自己的叶片。研究人员后来发现，其他一些藤本植物还进化出了类似声学猫眼镜的功能，特殊的形状让它们能够将蝙蝠的定位声波高效反射回去，以吸引传粉者靠近。

在花朵和蜜蜂之间也存在类似的声学协调现象。一些开花植物的花药上有小孔或缝隙，蜜蜂传粉时，会以“正确”的频率摇晃花朵，直到花粉被释放出来。蜜蜂的蜂鸣和花朵的大小、形状精准匹配，这便是植物和蜜蜂共同进化的例子。[⑤] 约维尔还证明了在部分情况下，蜂鸣声本身就足以引起植物的反应。当植物暴露在传粉蜜蜂的声音（或相似频率的人工合成声）下，它们几分钟内就会分泌花蜜，而且花蜜的滋味更加甜美。虽然科学家们还不完全了解这一过程的确切机制，但约维尔推测蜂鸣的频率会引起花朵振动；这也表示花朵和蜜蜂的外形与功能之间存在精妙的协调、对应。一位科学家表示：“我们有了重大发现，而且这很可能只是一个开始，我觉得声学世界正敞开大门，等待我们前去探索。”

---

⑤ 应当注意的是，蜜蜂也可以发现植物的电磁场。——作者注

创造意义

植物不仅能用声音吸引蝙蝠，还可以和蜜蜂亲密对话，这是多么奇妙、迷人的事啊。这些例子除了说明自然万物间存在巧妙的联系，是否还有其他意义呢？一些科学家认为植物发出和“听到”声音的能力是范式转换[⑥]（虽然这种观点仍存在争议）：它们从根本上改变了我们对植物通信的认知。

加利亚诺的研究引发了激烈争论，因为她提出植物不是在被动地回应声音，而是在主动地通过声音交流。但大部分植物学家在描述植物和它们周围环境的声音时，仍然会选用被动语态。例如，在《树木之歌》中，哈斯凯尔将森林的声音比作音乐，它们能令人感到慰藉、愉悦或恐惧，但这并不是树木正在与同伴交流。

的确，围绕植物发出和“听到”声音是否算是交流，科学界仍存在巨大分歧。分歧的焦点部分在于定义：一些科学家认为“通信”是躯体行为，是个体的感觉系统受到刺激并做出反应，比如人类耳朵里的纤毛随声波摆动；但也有科学

---

⑥ 当现有范式（理论框架）不能解决出现的问题时，人类就需要改变感知、思考和评价世界的方式，这种改变即范式转换（paradigm shifting）。——译者注

家表示反对，他们认为“通信”是认知行为，是有意义的信息在发送者和接收者之间传递。根据后一种定义，只要声音携带的信息有助于接收者进行判断（接收者不仅要听到声音，还要从声音中解读出有价值的信息），那么，通信就成立。这一理解与信息理论和计算机科学对“通信”的定义类似，也为植物通信研究提供了新的思路。

要证明植物的确在用声音主动进行交流，科学家必须验证以下两点：第一，植物既能发出声音，也能回应声音；第二，植物能因此提高适应性。比如，植物是否能通过声音吸引对自己有益的动物，吓退对自己有害的动物？仅凭推测，这似乎合情合理。声吸引力对植物而言可能存在几大益处：让自己比其他植物更能吸引传粉者的注意，或无须耗费大量开花所需要的能量也能吸引传粉者前来。

植物或许还能在土壤中进行声交流。过去几年，声学生态学家一直在记录地下生命的声音，生态学家早已知晓我们脚下的大地中存在大量生命。但直到最近，科学家们才研发出能捕捉到它们声音的麦克风，比如和夹在吉他上的接触式麦克风类似的小型压电装置。人类难以听到这些来自地下的声音，因为它们对人耳来说不是频率太高、太低，就是音量太弱了。不过，只需适度增强，这些声音就会“现身”，为我们呈现一个充满未知的声世界：当昆虫苏醒、树木生长时，大地无处不是爬动、刮擦、摩挲的沙沙声。

泥土中的声音包含哪些信息呢？卡罗琳·莫妮卡·格雷斯是德国盖森海姆大学的一名应用生态学家，她的主要研究对象是金龟子科昆虫的幼虫。她形容这些以植物根茎为食的昆虫发出的声音就像砂纸打磨、蚱蜢鸣叫、树枝刮擦的“组合曲”。格雷斯将这些声音比作“地下推特”，每种幼虫的声音都各具特色，经过训练，人类仅凭耳朵就能听出是哪种物种的幼虫正在发声。虽然科学家还不能肯定这些幼虫是否在通过声音进行交流，但格雷斯发现了一个有趣的现象：如果将多只幼虫放在一起，它们总会“说个不停”；如果将幼虫单独“隔离”在容器中，它们就会“沉默不语”。

当然，动物早已习惯了来自脚下的声音。在雨后的草坪上，鸟儿抬着头，蹦跳着四处“巡逻”，那是它们在寻找蚯蚓的声音，它们对地面发起的每一次突袭都不是在“碰运气”。当沙漠鼹鼠将头埋进沙子，在沙海中游进时，它们也在倾听猎物的声音。植物能听到这些声音吗？植物学家和生态声学家提出假说：植物的根生长的声音可能会吸引蚯蚓，而蚯蚓翻动泥土又会提升土壤中营养物质的含量。如果假说成立，那人类就找到了植物生长状况和地下生物密集程度之间存在联系的原因。长久以来，科学家们一直在关注视觉和化学信号，或许他们应该将视线转向通过土壤传播的声波和振动：这是植物声学研究的前沿领域，它连通着一个地下声域，而人类刚刚意识到它的存在。

植物之歌

鲸歌的发现令人惊奇，而植物通信的概念却常被人嘲笑。这些声音是交流的信号还是偶然的意外？为了回答这个问题，一些科学家提出了“植物神经生物学”的概念；但也有科学家表示反对，理由是植物没有神经元，也没有大脑。另外，科学家使用的术语也各不相同，“植物信号和行为”便是其中之一。这些表达或许更加精确，但也过于委婉了。

围绕植物通信的辩论最终成了针对植物认知，甚至植物意识的争论。在探讨这些问题的时候，我们尤其需要警惕人类中心主义，甚至是哺乳动物的偏见。为什么我们能相对容易地接受鲸鱼“唱歌”，却不愿相信植物和其他生物也能发出丰富的声音，并以此传递信息、相互交流呢？或许是因为这意味着植物也在表达意义和情感，而这一事实是许多科学家无法接受的，又或许是我们不愿将自己的情感投射到人类以外的事物上。正如卡尔·萨菲娜所说，我们必须小心：既要避免将人类构建的概念投射到其他物种身上，又要承认非人类通信存在的可能。前者是套用的错误，后者是忽视的错误。

科学家们不愿承认人类以外的事物也有用声音交流的能力，或许还因为对人类来说，声音和感觉存在密切联系。声交流既是生理和心理的，又是智力和情感的，而且与我们最私密的体验紧密相关。声音能跨越遥远的距离打动我们，比如配偶的呼唤和婴儿的啼哭；音乐更是早已将声音深深刻进了我们的骨髓。不过，娜塔莎·迈尔斯指出，植物的声音并不一定与植物的感觉有关。后者暗示着一种拟人化的观点，而这种观点是许多科学家坚决反对的。不仅如此，这种观点还暗含着一种道德风险：讨论植物是否拥有感情可能是对植物的诋毁，因为以人类的标准衡量植物，它们永远只能是“次等的”生物。迈尔斯认为，我们在研究植物的时候，应当采用一种植物形态（以植物为中心）的视角，承认植物也是了不起的（例如进行光合作用、合成咖啡因等复杂化合物）。只有这样，我们才能从植物的角度客观理解它们的能力。研究植物的声音即承认植物的复杂性，但这种复杂性不应受拟人论[⑦]和活力论[⑧]影响。

上述问题的答案很可能藏在植物学和人类学的交叉领域。过去，人种学研究和民族植物学研究只关注土著居民对植物的了解，而现在，科学家们正在努力将植物的感知能力（从生物声学到植物化学）同时看作生物物理现象和文化现象。在这种“植物民族志”的视角下，植物成了主体，而非被动的旁观者。通过将植物重构为人（与土著居民的做法类似），研究人员对人类学中的人类中心主义发起了挑战，也对西方科学界认为动植物之间存在明确界限的观点（承袭自亚里士多德和特奥弗拉斯图斯）提出了质疑。

与此同时，人类学家也在反思过去无法接受土著居民认为植物也有感觉，也能通信的观点的这一立场是否存有偏见。如果土著居民对植物声音的认识既非隐喻，也非源于神话，而是来自经验的事实呢？正如植物生态学家罗宾·沃尔·基默尔所说，许多传统的植物知识都符合科学事实。她表示：

---

⑦ 拟人论（anthropomorphism）用描述人的能力、行为或经验的术语来解释动物或非生物的有关特性。——译者注

⑧ 活力论（vitalism）是一种关于生命本质的唯心主义学说。它认为生物体与非生物体的区别在于生物体内有一种特殊的生命“活力”，控制着生物的全部生命活动和特性。——译者注

“（传统生态知识）强调尊重、负责，与自然互惠共存，它存在的意义不是对抗科学的发展和削弱科学的力量，而是将科学的范畴拓展到人与自然的互动过程中。”一些人类学家甚至将植物纳入了“多物种人种志”。加利亚诺表示，她的实验设计和实验假设的灵感都来自土著居民与植物本身的对话。生物声学或将帮助西方科学家再次确证土著居民早已掌握的真理。

如果你仍对植物的通信交流心存怀疑，请想想这样一个事实：今天的许多科学常识在不久前还是大众眼中的天方夜谭。在接下来的两章中，你将看到围绕蝙蝠和蜜蜂的声学研究也遵循了相似轨迹：从普遍怀疑到普遍接受。在人类刚刚发现蝙蝠能回声定位时，几乎没人相信这是事实。而现在，围绕这一话题的争论焦点早已从蝙蝠能否进行回声定位变成了蝙蝠能否通过回声定位进行象征通意（曾被认为是人类独有的能力），这也是下一章将重点讨论的内容。

第七章

蝙蝠逗趣

从噪声到军事机密

1939年，唐纳德·格里芬进入哈佛大学，开启了本科阶段的学习。格里芬不仅对鸟类和蝙蝠感兴趣，也对自然史上最著名的谜团之一，即蝙蝠即便被蒙住眼睛，也能在漆黑的山洞里自如行动充满好奇；但如果被堵住耳朵，它们在大白天也会屡屡“碰壁”。人类在18世纪，甚至更早的时候，就发现了这一现象：意大利生物学家兼生理学家拉扎罗·斯帕兰扎尼先是遮住蝙蝠的眼睛，然后再摘除它们的眼球，结果发现蝙蝠的飞行能力丝毫没有受到影响。两个世纪过去了，这个问题依然令人困惑，格里芬想知道：蝙蝠是如何在黑暗中躲避障碍物的？它们是不是在使用某种隐形的探测手段？蝙蝠似乎掌握人类并不了解的知识，拥有即便是制造机器天才的人类也不具备的能力。

很少有哈佛大学的教授对这个本科生的“蝙蝠之问”感兴趣，但格里芬幸运地遇到了通信工程的先驱乔治·华盛顿·皮尔斯教授。皮尔斯是农场主的儿子，曾做过牧牛人，从得克萨斯的单室学校[①]毕业时，他身无分文。不过，皮尔斯后来不仅成了哈佛大学的物理学教授，还同时是一位成功的企业家。他手握数十项发明专利，投资收益十分可观。皮尔斯最为人熟知的成果是他对电话系统的实证研究，在一次实验中，他偶然发现了能把“超声的”声波（其振动频率超过了人类能够感知的范围）转化成人类能够听到的声波的方法。皮尔斯用一台电话机、一块振荡压电晶体、一个扬声器、一张硬纸板和一些真空管，在哈佛大学的一间地下室里创造了历史——他造出了第一台可以检测和分析超出人类听力上限的声音仪器。

① 单室学校是19世纪末至20世纪初美国和澳大利亚乡村常见的办学形式。单室学校只有一间教室，所有学生都在这里学习，所有科目的教学工作都由同一位教师承担。——译者注

皮尔斯教授的发明虽然很有想象力，但它似乎没有明确的用途，也没有合适的方法可以校准。皮尔斯希望找到一些超声波来测试这台仪器，一番寻找后，他惊喜地发现随处可见的蟋蟀和蚱蜢能制造大量的超声波。然而，或许连皮尔斯自己也没有想到的是，被这些昆虫彻底吸引的他，此后的大部分研究工作都放在了解析这些昆虫的声音上，并因此成了全世界最早的生物声学家之一。皮尔斯深入研究了这些昆虫的发声机制，并证明了不同昆虫的发声节奏也不相同，每只昆虫的叫声就像它们的“身份证”。更令业界感到惊讶的是，皮尔斯还证明了昆虫的叫声有类似温度计的功能。以条纹针蟋为例，当环境温度为31.4℃时，它每秒鸣叫的次数为20次；当环境温度降至27℃时，它每秒只会叫16次。

直到许多年后，人们才真正理解皮尔斯研究的重要意义。在即将走到生命尽头的时候，皮尔斯敏锐地预见了他的研究将在未来发挥巨大作用。他的最后一部作品《昆虫之歌》（*The Songs of Insects*）仍然是针对蟋蟀和蚱蜢的研究，而非对自己在电话系统方面取得的成就的总结。皮尔斯在这本书的引言中这样写道：“普通读者或许会想，一个物理和通信工程领域的专家为什么会转而研究昆虫？对此，我的答案是，每一个无知的人都有寻找答案的义务。”

当唐纳德·格里芬找到皮尔斯时，皮尔斯还有不到一年就要退休了。格里芬猜测蝙蝠在用人耳听不到的超声波导航，而皮尔斯拥有世界上唯一一台能检验这个假说是否正确的设备。当时格里芬的成绩处在中等水平，他对微积分很不"来电"，本科的物理必修课也只得到了 C+ 的成绩。格里芬尽管犹豫再三，但最终还是鼓起勇气敲响了皮尔斯办公室的门。格里芬后来写道："但当我敲开那扇门，我发现皮尔斯是个非常随和的人。"经过充分讨论，两人决定先从简单的事情着手。格里芬把蝙蝠装进笼子，带到实验室，两人——一个是学生，一个是著名的物理学家——把蝙蝠一只一只地放在仪器前，然后仔细倾听。实验结果立竿见影：蝙蝠的确能发出超声波，而且在努力挣扎时发出的声波尤其强烈。不过，当蝙蝠在房间里自由飞翔时，仪器就不能检测到任何的超声波，格里芬因此也就无法证明蝙蝠在使用超声波进行定位和导航。皮尔斯和格里芬还是发表了他们共同的研究成果，但在描述蝙蝠发出的"超声的"声波时用词极其谨慎，格里芬后来形容，"那种小心简直到了荒谬的程度"。

尽管有了一些突破，但格里芬依然没有解开心中的谜团：他已经证实了蝙蝠在静止状态下会发出超声波，但不能肯定它们在飞行时也会这样。是蝙蝠在飞行时静默了，还是实验设计存在缺陷？格里芬带着疑问开启了自己的研究生生涯；不久后，第二次世界大战爆发，他在军队中从事声学通信相关工作。战争结束后，他又回到哈佛大学继续攻读博士学位，这一次，他选择了相对主流的研究对象——候鸟。为了追踪候鸟，他还考取了轻型飞机的驾驶执照。不过，格里芬从未忘记关于蝙蝠回声定位的未解之谜，他与皮尔斯共同开启的实验还没有得出最终结论。

不过，事情很快迎来了转机，在生理学家鲍勃·加兰博斯的帮助下，格里芬很快意识到曾经的实验结果之所以不理想，是因为蝙蝠发出的声波具有方向性。蝙蝠发出的声波就像是手电筒发出的光束一样，要捕捉这些声波，仪器必须直面蝙蝠飞来的方向。皮尔斯的仪器还不具备聚焦功能，因此，很难捕捉到这些细密的声波。

在这一发现的启发下，两人很快确定了下一步的实验方案。为了不打扰其他师生的“正经”物理实验，他们只能在深夜工作。格里芬和加兰博斯用可溶性胶水封住了一部分蝙蝠的眼睛和另一部分蝙蝠的耳朵，然后让这些蝙蝠在拉着细线的房间里飞行，同时仔细地听。“蒙眼组”蝙蝠的飞行状态和未经干预的对照组毫无二致，而“捂耳组”蝙蝠却频繁地碰壁、被细线绊住、明显抵触起飞；即便被捂住一只耳朵，蝙蝠的飞行能力也会明显减弱。

实验结果表明，蝙蝠躲避障碍物的“秘密武器”的确是超声波。为了进一步确定超声波的来源，格里芬用细线缠住了一些蝙蝠的嘴巴，还在它们的口鼻部涂上了一层火棉胶（一种质地类似糖浆的液体，干后会形成一层厚膜）。被堵住口鼻的蝙蝠和被封住耳朵的蝙蝠一样，“在飞行时显得笨拙、迟疑、不知所措”。经过一番挣扎，一些蝙蝠在火棉胶上撕开了小孔，恰巧的是，它们恢复了躲避障碍物的能力。这进一步证明了蝙蝠在接收自己发出的超声波的反射声波（就像军事声呐设备一样），而且能绘制出周围环境的“听觉地图”（精度可以和当时最复杂的电子技术媲美）。蝙蝠早已拥有的能力直到那时才进入人类的视野。

两人迫不及待地想与全世界分享他们的发现，但“全世界”似乎不以为意。格里芬后来回忆：“一位著名的物理学家在学术会议上听了我们的演讲，极为震惊。他抓住加兰博斯的肩膀，一边摇晃，一边告诫似的说：‘你不会是在开玩笑吧？’”当时，声呐和雷达还是高度的军事机密，没人愿意相信蝙蝠可能拥有和最新军事技术成果相当（甚至更优）的能力。而且，西方社会对蝙蝠的刻板印象也在影响人们的判断：蝙蝠代表着吸血鬼和凶兆，它们的形象和“健谈”

无关。

* * *

在此后的几十年里，人们依然对蝙蝠的回声定位能力心存怀疑。当时，还没有技术能够验证格里芬的假说，直到经过改良的阴极射线示波器出现，才得以打破僵局。这种示波器不仅可以显示蝙蝠发出的声波，还能准确测量它。而在格里芬和皮尔斯合作的年代，他们只能大致描述这些声音。格里芬在后来的几十年里又陆续完成了多项实验，并证明了蝙蝠的声呐系统不仅高度发达，而且回声定位十分精确。格里芬的实验方法非常费力：他用一台古老的35毫米电影相机记录蝙蝠的声音。声波经过处理，会变成示波器屏幕上的一条条曲线。不过，通过这种方法得到的结果并不理想，于是格里芬决定展开田野调查。他开着一辆破旧的皮卡车，装着一台电影相机、一台示波器、一台使用电池的便携式收音机、一个麦克风、一个抛物面集声反射器和一台汽油发电机，来到了当地的一个池塘边。黄昏是大棕蝠觅食的时间，他会在黄昏来临前的数小时组装好设备，然后耐心地等待15~20分钟。

实验结果令人惊叹，格里芬发现，野生蝙蝠在觅食时发出的回声定位声波是海量的，这让格里芬萌发了新的灵感。过去，他认为蝙蝠的回声定位与声呐无异——只是一种发现静止障碍物、避免碰撞、在黑暗中分辨方向的手段。他和其他许多科学家一样，认为生物声呐无法探测到快速移动的小型昆虫，蝙蝠之所以“身手矫健”，主要依靠的还是视觉。但格里芬通过田野调查彻底颠覆了传统观点：事实上，蝙蝠不仅能通过回声定位发现飞舞的飞蛾、苍蝇、蚊子，还能精准地判断它们的方位，捕获它们。“蝙蝠能用回声定位发现其他生物已经很让人惊讶了，”格里芬后来写道，“但我们的科学想象力却没能再进一步，哪怕只是去猜测这种能力是否还有其他可能性。”蝙蝠的声呐系统比人类最先进的声呐设备性能更加优越，二者间的差距可能是巨大的。

格里芬继续想到，不同种类的蝙蝠生活环境不同，捕猎对象也不同，既然如此，它们的叫声会不会也有差别呢？对于格里芬的想法，其他科学家持消极态度。诺贝尔奖得主盖欧尔格·冯·贝凯希是当时全球顶尖的听觉专家，他预测格里芬的研究“只会浪费时间”。他告诉格里芬：“蝙蝠就是蝙蝠，它们的声音不过是噪声，再研究下去也不会有什么新的发现了。”但格里芬仍然相信自己的判断，他猜测蝙蝠的声音不仅能够导航，还具备和鸟类的歌声，甚至人类的语言类似的功能。这一观点引发了巨大争议。格里芬进一步提出了疑问：蝙蝠具备鸣唱学习、进行复杂交流的能力吗？大部分科学家毫不犹豫地给出了否定答案，理由是这不符合语言应当是人类独有的这一普遍认知。然而，近年来出现的新型数字化工具让蝙蝠研究人员得以证实了格里芬的部分想法：蝙蝠的确具备鸣唱学习，以及通过声音指导社交行为的能力。

聆听蝙蝠之歌

蝙蝠究竟是如何通过发声来学习的呢？为了解开这个谜团，柏林自由大学的蝙蝠研究员米丽娅姆·克诺恩希尔德每年都会到中美洲去实地研究大银线蝠，这种蝙蝠是热带雨林中最常见的蝙蝠之一。为了研究蝙蝠的社交行为，克诺恩希尔德需要直接观察她的研究对象，因此，她特意选择了大银线蝠这种特征明显的蝙蝠。这种蝙蝠比其他蝙蝠更易观察，主要有以下3个原因。一，它们“居有定所”。大银线蝠不会迁徙（和许多生活在温带地区的蝙蝠一样），因此，研究人员可以在一年中的任意时间研究它们。雄性大银线蝠会守护自己的栖息地，并通过展示自己吸引雌性；求偶成功后，雄性大银线蝠会留在巢穴与雌性大银线蝠一起养育后代。研究人员可以年复一年地在同一地点，研究同一个蝙蝠家族的几代成员。二，与其他蝙蝠相比，大银线蝠对人类的容忍度较高。克诺恩希尔德回忆：“刚开始学飞的小蝙蝠在空中歪歪扭扭地胡乱冲撞，它们有时会失去控制，落在我的身上——或许我在它们眼里和树干差不多，看起来非常安全。有的时候，蝙蝠母亲会径直朝我飞来，停在我的身上，把孩子带回巢穴。这些蝙蝠似乎接纳了我，或者至少不介意我出现在它们的领地。”三，大银线蝠与其他蝙蝠不同，它们大都在树上（而非山洞里）筑巢，而且在白天活动。位置固定、能接纳人类、在日间活动，这些因素让大银线蝠成了容易观察且随时可以观察的优质研究对象。

克诺恩希尔德都有哪些发现呢？首先，鸣唱学习贯穿大银线蝠的一生。蝙蝠幼崽和人类婴儿一样，通过模仿来学习成年个体的声音。蝙蝠幼崽的叫声和它们母亲的叫声频率相同，并且还会学习母亲的特殊叫声，好在母亲返回巢穴时能识别彼此。蝙蝠母亲和人类母亲一样会对孩子说“宝宝语”，这种语言能帮助孩子更好地学习“说话”，因为它不仅能吸引孩子的注意力，还能激发孩子的学习兴趣（和人类母亲一样，蝙蝠母亲在面对孩子时也会改变“说话”的节奏和音调，只不过它们对孩子“说话”的音调更低，而不是更高）。

蝙蝠幼崽也会在飞行中学习所在群落的特殊叫声，这些叫声将在它们未来的求偶过程中发挥关键作用。年轻的雄性蝙蝠会向父亲学习领地歌，与人类婴儿和鸣禽的雏鸟一样，它们也会经历“咿呀学语”的阶段。蝙蝠幼崽在出生后大约2～3周就能学会群落歌的个别音节；10周之后，它们就可以将音节串成歌曲。在某一阶段，蝙蝠幼崽的歌声会比成年蝙蝠的更加丰富、多变，仿佛它们还不熟练，正在摸索练习一样。等到成年，这些幼崽都会掌握属于各自领地的“歌曲”，学会带有家族特征的叫声以及大量特定“词汇”（其中包括能体现个体特征的叫声）。与其他蝙蝠一样，大银线蝠的发声能力也是后天习得，而非与生俱来的。

蝙蝠的歌声和鲸歌一样，也有文化传递和进化演变的特性。大银线蝠有2种叫声：用于驱赶其他雄性的领地歌和用于吸引雌性的求偶歌。这些叫声至关重要，因为接近成年的雌性大银线蝠会离开出生地，会根据雄性的领地歌重新选择群落。克诺恩希尔德发现，雄性蝙蝠会通过领地歌表达攻击意图（音调越低，敌意越强）。在雌性数量增多时，它们会更频繁地“吟唱”求偶歌以吸引异性、逼退对手。当雄性蝙蝠通过文化传递“继承”上一辈的“歌曲”时，细微的模仿错误和歌曲节奏、音调的变化总会出现，因此，不同地区的蝙蝠逐渐拥有了属于自己的“方言”。这些“方言”就像人类的语言或虎鲸的“歌曲”一样，带有明确的群落特征，即便经过数百年的演变，它们依然能准确指示特定的蝙蝠群落。[②]

克诺恩希尔德和其他研究人员一共记录了13种蝙蝠的歌声，而“会唱歌”的蝙蝠远远不止这些。许多种类的蝙蝠（约占地球上所有哺乳动物物种的1/4）不仅能发出声音，而且很“健谈”。和鸣禽一样，“唱歌”的蝙蝠多是雄性，歌声是它们保卫家园、追求雌性的重要手段；在“一夫多妻制”社会中，歌声的作用更为凸显。因为它们的歌声大都是超声波，人类对蝙蝠歌曲的了解还是很有限，但研究人员已经有足够证据能够证明蝙蝠的歌声和鸟鸣一样，拥有丰富而复杂的音节结构和语音句法。不仅如此，格里芬的假说也得到了证实：蝙蝠不仅能用声波精准导航，还能通过对“方言”歌曲的社会学习实现文化的种群间传播和代际传递。

---

② 有证据表明成年蝙蝠也能学习新的“方言”。在针对其他种类的蝙蝠的研究中，科学家证实了如果将蝙蝠从原有群落转移至另一群落，它们会调整叫声的频率以融入新的群体。——作者注

这些惊人的发现有赖于便携式数字录音设备的出现。其实，早在 20 世纪 60 年代就有关于蝙蝠唱歌的行为观察的报道，但当时人们只是记录了人耳能够听到的、数量有限的歌曲。直到 25 年前，也就是 1997 年，第一个能够显示蝙蝠超声歌曲的声谱图才出现，研究人员使用蝙蝠探测器，把微型蝙蝠（伏翼属蝙蝠）的“飞行之歌”记录在索尼随身听里。给蝙蝠录音是一项艰苦的工作，直到最近 10 年里价格低廉、轻量便携的数字录音设备出现，情况才有所改变。现在，研究人员可以大范围、长时间地在不同环境下，例如高高的树上、黑暗的洞穴中，全天候记录蝙蝠的声音。通过综合分析定位和声音数据，科学家们可以更好地理解蝙蝠的声音与行为的联系。

“在我 10 年前刚刚拿到博士学位的时候，”克诺恩希尔德回忆，“我使用的设备虽然名义上‘便携’，但它们只能被运进森林；设备一旦运行，我就必须寸步不离。如果蝙蝠飞到其他树上，我要花至少半个小时把设备转移过去，但可能不等我赶到，它们又飞到其他地方去了。现在，我的录音设备只有手机那么大，我可以自由地在森林中走动，无须定位蝙蝠也可以给它们录音。”最新一代的数字生物声学技术让克诺恩希尔德几乎可以像蝙蝠一样自由行动。

热感摄像机、回放扬声器、无人机，甚至还有搭载着扬声器、栩栩如生、“长”着绒毛的蝙蝠机器人，这些数字设备的价格也已经足够低廉，科学家们可以自行购买，进行交互式回放实验。而就在几年前，克诺恩希尔德的回放实验还仅限于“把扬声器固定在一根杆子上，然后举着杆子以 8 米 / 秒的速度在黑暗的森林里跑来跑去”，但效果不好。后来，克诺恩希尔德决定改用同时装有扬声器和麦克风的计算机控制式无人机进行交互式回放实验，这样无人机就可以和蝙蝠实时互动，播放特定的声音对蝙蝠的叫声做出回应。克诺恩希尔德推测，这种实时的交互式回放技术将帮助研究人员发现更丰富的蝙蝠通信网络。

换言之，人类之所以能够发现并了解蝙蝠的鸣唱学习，是因为生物声学与数字技术和数据科学的成功“联姻”。不过，克诺恩希尔德也提醒人们切勿盲目乐观：虽然数字录音设备能捕捉大量声音，但要理解这些声音仍然存在困难。就像基因测序应当提供具有生物学意义的信息一样，被动声学监测也应该产出具有生态学和行为学意义的结果，但至少到目前为止，计算机还无法实现。克诺恩希尔德说：“最后，我们还是要向动物发问：‘你们能感知这个信号吗？它对你们来说有意义吗？’我们不能被大数据束缚了手脚，而是应该亲自到野外去观察和聆听。”数字生物声学技术可以帮助科学家完善所提的问题，收集更多可供分析的数据，但它不能直接给出问题的答案。数字技术像是强大的观察工具，让科学家们得以提出和以前完全不同的问题，并更加迅速地获得答案。

其他思维

研究人员还通过数字生物声学技术获得了另一项重大发现：蝙蝠拥有复杂的社会关系和出色的认知能力。马基雅维里式智力（或“社会大脑”）假说认为，熟练掌握社交技能的需求是人类智力进化的重要驱动力。我们聪明的祖先逐渐学会了通过社交与群体中的其他成员合作，甚至控制他们。这时，一个进化的正反馈循环就诞生了。社会发展推动语言发展，反之亦然。更加复杂的社会互动需要更加复杂的交流，而更加复杂的交流需要更加复杂的声信号。科学家对哺乳动物（如灵长类动物和啮齿动物）和鸣禽的正反馈循环已经非常熟悉，但直到最近，他们才开始研究蝙蝠，同样发现它们也非常“健谈”，并且是一种拥有复杂社会性的群居动物。

克诺恩希尔德对大银线蝠行为的研究，证实了马基雅维里式智力假说。与鞘尾蝠家族中实行“一夫一妻制”的成员相比，大银线蝠的社会组织更加复杂，雄性个体的歌声也更加丰富。居于统治地位的雄性会与同性亲属联合守护它们彼此相连的领地，并积极争夺雌性资源，而处于从属地位的雄性只有排队等待分配领地的资格，同时还要担负起保护群落免受外来雄性攻击的职责。虽然一只雄性可以和多只雌性交配，但雌性对雄性的“考察”往往持续整年，它们会根据雄性的求爱表现（其中包括雄性的求偶歌）来最终选定交配对象和新的家园。克诺恩希尔德认为，这种巨大的性选择压力促使雄性个体发展出了更丰富的叫声。随着时间的推移，针对蝙蝠发声进化的研究不断取得新的突破，为生物语言学的发展做出了巨大贡献，也让我们对蝙蝠这种长寿动物从亲属身上习得语言的机制有了更多了解。

克诺恩希尔德认为，其他种类的蝙蝠身上也可能存在类似现象。大多数蝙蝠的社会生活高度复杂，而复杂的社会生活又会促进声音的多样化发展。“大银线蝠并不特殊，它们的大脑并不比其他蝙蝠的更大。只是在现有条件下，它们是最容易研究的对象罢了。如果你的设备足够好，观察的时间足够长，你一定会有更惊奇的发现。”她推测，下一个研究热点将是蝙蝠和其他生物的跨物种交流：一个物种的叫声可能导致另一个物种的捕食、合作、竞争行为发生变化。她还推测，大量成果将来自基于最新数字技术下的蝙蝠行为的研究，尤其是针对蝙蝠玩耍、易物、解决问题、进行复杂决策（例如故意绕道）等行为的研究。她指出，数字技术对记录和分析蝙蝠的叫声至关重要，因为蝙蝠的叫声不仅响亮，而且短促——大部分叫声的持续时间仅有几毫秒，而同一时间又有大量叫声相互交叠。在挤满果蝠的山洞里，蝙蝠的叫声震耳欲聋。人类必须借助计算机技术才能处理、解析这些混杂的声音。

为了研究埃及果蝠，特拉维夫大学的神经生态学家约西·约维尔对22只圈养蝙蝠展开了持续两个半月的观察，共记录了超过15 000种叫声。随后，约维尔和他的研究团队用自行改编的声音识别程序对数据进行了分析：计算机算法会将蝙蝠的叫声与视频捕捉到的社会互动行为联系起来，比如两只蝙蝠争抢食物时发出叫声。通过计算机算法，研究人员将蝙蝠的叫声大致分成了4类：争夺食物（音量最大）的叫声、挤占心仪“床位”的叫声、拒绝交配意图的叫声、和身边同伴的争吵声。大多数情况下，算法能准确识别出“说话人”的身份，又因为动物也会对不同对象（尤其是异性）使用不同语气，算法还识别出了一半的“听话人”的身份。通过类似方法，约维尔和他的研究团队证实了蝙蝠在觅食过程中会权衡多个因素，例如亲属关系和社会关系，他们甚至发现蝙蝠会用食物换取交配权。

俄亥俄州立大学的行为生态学家杰瑞·卡特发现，蝙蝠社会存在复杂的互惠性结构：它们会相互帮助，记得谁帮助过自己，甚至可能对欺负过自己的蝙蝠怀恨在心。在回放实验中，卡特证明了吸血蝠能凭声音认出“说话人”是谁，它们还对曾经与自己分享过食物的个体表现出了明显的偏爱。卡特的团队还发现，免疫力低下的吸血蝠相对沉默。在生病的时候，吸血蝠的社交情况会像人类一样发生改变，与家人的联系则不变，而与朋友的互动会减少。

卡特对蝙蝠互动的深入研究有赖于微型便携式生物记录仪的出现。卡特和他的研究团队将记录仪粘贴在蝙蝠背部，采集到了大量数字数据。这些数字记录仪能通过无线网络将数据持续传送至监测系统，让卡特得以实时掌握蝙蝠的动向，就像在看蝙蝠的社交账号一样。最近 10 年，数据记录仪的价格降低了 90%：从 1 000 美元降到了 100 美元。过去，生物学家很难从蝙蝠身上回收记录仪（大部分设备都丢失了），但新一代生物记录仪能联网获取其他设备的数据，也就是说只需回收一台设备，研究人员就可以获得全部数据。卡特表示，这些仪器甚至比全球定位系统更加准确：通过综合分析几个邻近记录仪的数据，研究人员可以完整、持续地观察蝙蝠与同伴相处时的各种表现。卡特说：“它的重要意义不亚于第一台脱氧核糖核酸测序仪，这是科技向前发展的重要一步。”现在，破译工作可以正式开始了。

蝙蝠的语言

围绕蝙蝠发声的研究成果可能会帮助人类更好地了解自己语言的起源。和鸣禽一样，蝙蝠也拥有和人类相同的语言基因，而且它们在生命之树上的位置和人类更加靠近。因此，对蝙蝠发声的深入了解，可能会帮助我们理解声交流和社会行为在进化过程中的相互作用。

除了唱歌和回声定位，蝙蝠还能发出许多具备通信功能的声音，而且这些声音都与蝙蝠的社会行为有关。以埃及果蝠为例，这种蝙蝠会在不同的社会环境下发出不同的颤声、尖叫声，以及其他许多种声音。研究人员已经分辨出了蝙蝠的数百种叫声。以攻击性叫声为例，它可能表示蝙蝠正争夺食物、拒绝交配、在拥挤的栖息地挤占位置，或是在睡着的同伴身边拌嘴。而攻击性叫声只是蝙蝠社交叫声中的一类，除此之外，它们还会说“宝宝语”（蝙蝠母亲对幼崽发出的叫声）、唱领地歌、吹求偶哨、呼救（走失的蝙蝠幼崽的叫声）、咿呀学语（蝙蝠幼崽的学语声）、警告、呻吟（受病痛折磨时的叫声）、在觅食时协调合作，以及引导同伴前往栖息地或食物所在地。一些蝙蝠还会在叫声中加入“说话对象”的身份信息（例如性别），就像人类对男性和女性有不同称呼一样。蝙蝠的叫声中甚至包含与个体、亲属和物种有关的信息。

迈克尔·亚尔采夫是伯克利大学的一名蝙蝠研究员，他将蝙蝠的叫声称为它们的“词汇”。科学家们通过人工智能算法对这些词汇进行了分析，并证实了蝙蝠的叫声和它们的歌曲一样，都是在社会生活中习得的。[③] 蝙蝠因此进入了动物界的神圣殿堂，这里的动物都拥有科学家眼中进化程度最高的认知特征之一：伴有鸣唱学习的复杂社会行为。格里芬的观点再一次被证明是正确的。

克诺恩希尔德认为，我们对蝙蝠语言能力的了解才刚刚开始。她指出，最近的研究已经证实，蝙蝠具备使用符号交流的前提条件：鸣唱学习能力、联想学习能力、模仿能力、

③ 本书写作期间，已经有证据表明 17 个蝙蝠科中的 8 个有鸣唱学习能力。其他物种，如鲸鱼、鸟类和大象，也有鸣唱学习行为。——作者注

可训练性和社会知识。目前，科学家们正在测试蝙蝠的符号交流能力。克诺恩希尔德设计了一个实验，她训练蝙蝠选择触摸屏上的任意符号，再将受训后的蝙蝠作为认知研究对象。通过训练，主要以视觉为导向的蝙蝠可以直接触碰屏幕、选择符号，主要以听觉为导向的蝙蝠可以通过生物声呐波束唤醒触摸屏。科学家们已经对海豚进行过类似研究——让海豚用回声定位的声呐波束挑选出它们“眼中”的三维符号。克诺恩希尔德提议用类似的声学触摸屏来测试蝙蝠是否具备识别符号数量或区分符号种类的能力。

这些消息或许振奋人心，但克诺恩希尔德也有着自己的顾虑。“在一些人看来，跨物种交流或许非常有趣，”她说，“但其他物种不一定这样认为。首先，我们要弄清蝙蝠是否把我们当作可以交流的对象。即便是，我们也要再问，它们是否希望和我们交流？”克诺恩希尔德指出，蝙蝠可能根本不认为人类具备交流的能力，就像人类并非天生就能感知森林释放的生物化学信号一样，蝙蝠或许并不能直接识别人类的声信号。虽然人类可以借助先进的数字技术“翻译”蝙蝠的语言，但她认为，研究蝙蝠与蝙蝠，或蝙蝠与其他物种的对话可能更加有趣，也更有助于我们理解蝙蝠是怎样理解它们周围的世界的。不久前，克诺恩希尔德用这一理念指导了一次实验：她在假花中植入射频识别芯片（和我们银行卡中的芯片类似），吸引喜欢鲜花的蝙蝠前来，并记录下它们的行为和叫声。她想知道：蝙蝠会对花儿说些什么呢？或许这比知道蝙蝠想对人类说些什么更有意义。

与这些研究计划形成鲜明对比的，是西方社会对蝙蝠的固有印象——西方人大都认为蝙蝠是害兽，是疾病的携带者和恶灵的化身。中国人则认为蝙蝠象征好运。印度尼西亚人将蝙蝠视作丰产的象征，因为它们能为植物和圣树传粉。日本的阿伊努人[4]崇拜聪慧、灵巧的蝙蝠神。中美洲的人们则对蝙蝠有"双重印象"：它们既是玛雅庙宇的雕刻和壁画中为人类带来神谕和琼浆的使者；也是萨满教中常与洞穴、巫术、血液和祭祀联系在一起的生物——人们相信蝙蝠能为先知、国王和祭司提供力量。对秘鲁北部的莫切人[5]来说，蝙蝠象征死亡，而他们认为死亡只是身体、农业生产和人类社会的一次"重生"。蝙蝠是夜行动物，和月亮有着密切联系，莫切人相信它们是梦之国度的居民，是生与死的使者。

---

④ 阿伊努人是生活在日本北方的土著居民。——译者注

⑤ 莫切人生活在 2 000 多年前的秘鲁，他们在建筑、制陶、金属加工和纺织方面都取得了很高的成就。——译者注

这些神话形象大都认可了蝙蝠在生态环境中的重要作用：为植物传粉、捕食昆虫、传播种子。蝙蝠是游走在不同世界的“边缘人”：它们采食花蜜，却不是蜜蜂；它们长着翅膀，却不是鸟类；它们在夜间行动，却能传递对白天有用的信息。与蝙蝠有关的传说并非只是历史逸事。今天，土著居民生活的地区仍然生活着种类丰富的蝙蝠，科学家们也确证了土著居民在保护蝙蝠栖息地和濒危蝙蝠物种方面所扮演的重要角色。通过将数字技术与传统的深度聆听法相结合，西方科学家正对土著居民早已掌握的知识进行“再发现”。

像蝙蝠一样思考的机器人

数字生物声学让科学家得以深入了解与人声完全不同的声音。研究人员发现，人类和蝙蝠的相似之处比他们想象的更多。我们和蝙蝠究竟有多像？蝙蝠会像我们这样对话吗？做这样的对比有意义吗？提出这些问题的科学家大都对动物行为的比较研究，即动物行为学，有浓厚兴趣。唐纳德·格里芬在职业生涯的最后阶段，将研究重点放在了动物行为学上，他主张动物行为研究应当在动物的自然栖息地进行，而这一观点是对当时主流科学观念的一次挑战。包括格里芬在内的一些动物行为学家认为，实验室环境下得出的结果很容易受到人为因素的影响，因此，研究人员应当进入有其他动物存在的环境（字面意思是“周围的世界”），以非人类生物的视角看待这个世界。任教于斯坦福大学的生物学家罗伯特·萨波尔斯基这样总结这场争论：“动物行为学是对动物行为的研究，它要求我们深入田野，到动物的栖息地去，用它们的语言和它们交流。研究动物行为学的人应当对什么是动物通信，什么是动物语言持足够开放的态度……（动物行为学家认为）在圈养环境下研究动物语言就像在浴缸里研究海豚。”不过，也有实验室研究人员表示反对：如果不严格控制实验条件，人为偏误随时都有“乘虚而入”的可能。

在各方激辩正酣时，格里芬又提出了一个更加激进的观点。他对动物感知模式很有兴趣，并猜想回声定位只是动物感知的众多形式之一。他提议将研究重点转向动物思维和动物意识。格里芬是声名显赫的动物行为学家，从事动物行为研究已有数十载，即便如此，他的观点还是遭到了强烈反对，并因此遭受了职业生涯中的最大非议。格里芬为他的研究计划创造了一个新词——“认知动物行为学”。认知动物行为学和动物行为学一样，研究目的在于通过自然观察法了解动物的行为，并尝试从进化的角度理解动物思维。与此同时，认知动物行为学还假设动物行为会受动物的主观意愿和自觉意识的影响。格里芬提出，动物很可能拥有思考、推理和感受情绪的能力，他呼吁科学家们更多地研究这些心理过程。格里芬不仅相信人类以外的生物也有意识，还推测这些意识能够“补足”动物不甚发达的神经系统。格里芬提出假说:“意识”对大脑较小的动物来说或许更加重要。蝙蝠会不会不仅拥有意识，而且比人类更加“清醒”呢?

认同格里芬的科学家寥寥无几，愿意做进一步研究的人更是少之又少，大部分科学家都对他的看法不以为然。接受过传统训练的动物行为学家和心理学家都在猛烈抨击格里芬对“意识”的定义：“感受或思考事物和事件的主观状态。”许多科学家认为格里芬是拟人论者；作为回应，格里芬指责对方犯下了人类中心主义的错误——认为人类生来与其他物种不同，不仅比它们优越，更是评判它们的准绳。另一些科学家（包括许多长年在野外工作的蝙蝠生物学家）则直接拒绝讨论意识问题，因为在他们看来，意识既不是可观测的变量，实验的可操作性也很差。但格里芬坚持认为我们不该如此草率地排除动物意识存在的可能。他指出：“明明没有充足的证据，科学家却总会斩钉截铁地得出消极的结论，‘没有动物会这样，动物才不会那样’之类的。如果没有十足的把握，我们还是应该保持开放的心态。”

一些人认为，即使蝙蝠拥有语言和意识，人类也无法确认它们的存在，因为人类的交流和认知方式与其他物种存在巨大差异。许多持这一观点的人都提到了哲学家托马斯·内格尔在1974年发表的一篇颇具影响力的文章——《做一只蝙蝠是怎样的体验？》。内格尔认为，即便动物意识存在（即蝙蝠拥有“身为蝙蝠”的意识），如何解释这种意识将永远是一个科学难题。这种困难部分源于人类语言的局限：蝙蝠表达的概念可能是人类语言无法描述的。内格尔认为，我们无法知道除自己以外的哪些动物拥有意识，因为它们不能用人类能够理解的语言将自己的精神状态告知我们。不仅如此，我们也永远无法理解蝙蝠意识（即便它存在），因为蝙蝠和人类存在根本性差别。要理解身为蝙蝠是怎样的体验，我们首先要像蝙蝠一样生活，通过回声定位观察周围的世界，以飞虫为食，倒挂着睡觉。不过，内格尔认为要完全理解蝙蝠是无法实现的，因为对人类来说，蝙蝠是“完全不同的生命形式”。正如哲学家路德维希·维特根斯坦在《哲学研究》中所写的那样：“即便狮子会说话，我们也听不懂它们在说些什么。”

可如果计算机和人工智能算法可以充当我们的翻译呢？

人类或许不能直接和蝙蝠对话，但数字技术却可能破译它们的叫声。计算机是强大的翻译工具，能将不同物种的交流模式相互转换。生理结构限制了我们与生命之树上其他伙伴交流的能力，但机器人和计算机算法不受这些约束。虽然人类不能发出和蝙蝠一样的咔哒声和唧唧声，但我们可以通过数字技术做到这一点。

或许有一天，我们能用数字类比反驳内格尔的论点："即便人类永远不能像蝙蝠一样思考，但人工智能也许可以做到。"例如，我们可以在仿真蝙蝠机器人中嵌入人工智能系统，让它和刚出生的小蝙蝠一起"成长"，感受蝙蝠的生活。这些机器人或许会和真的蝙蝠一起倒挂休息，与它们结伴飞行，用声音对"同伴"的呼唤做出回应。而人工智能不仅能理解蝙蝠，也能理解人类，因此人工智能驱动的机器人可以成为我们与蝙蝠的翻译。不过，内格尔很可能不认同这种观点，正如他后来在《心灵和宇宙》（*Mind and Cosmos*）中所说的那样："这个世界让人惊讶，我们曾经坚信自己拥有理解世界所需的基本工具，但现在看起来并不是这样。"

内格尔或许是对的。但确定真相的唯一方法只有实验，像克诺恩希尔德和其他研究人员一样，尝试通过数字媒介解析和翻译蝙蝠的语言。不过，克诺恩希尔德也意识到了人类对数字数据的解读可能存在局限。蝙蝠的听觉非常灵敏，它们比人类更能分辨同伴社交叫声中的旋律。在尝试翻译这些叫声时，我们永远只能得出近似答案。“想要听清蝙蝠的叫声，”克诺恩希尔德想，“我们究竟该将这些声音放慢多少呢？慢到它们听起来像鸟叫？像鲸歌？我们永远都不会知道这些声音在蝙蝠听来是什么样的。”克诺恩希尔德相信，数字技术将帮助人类更加深入地理解蝙蝠是如何学习、社交、通信和感知世界的。但我们或许永远都不会知道蝙蝠的叫声在它们自己听来是什么样的。即便是可量化、可解读的数字数据，永远也只能是人工模仿非人声的产物。

克诺恩希尔德还告诫人们应谨慎利用新技术与蝙蝠交流。她指出，或许我们根本不该尝试与蝙蝠沟通，或至少应当事先制定技术使用规则，以免新技术遭到滥用，引发不良后果。不过，并非所有科学家都理解她的担心，在下一章中，你将看到蜜蜂研究人员多年来一直在尝试通过数字技术实现跨物种交流，而且他们在不久前刚刚取得了成功。

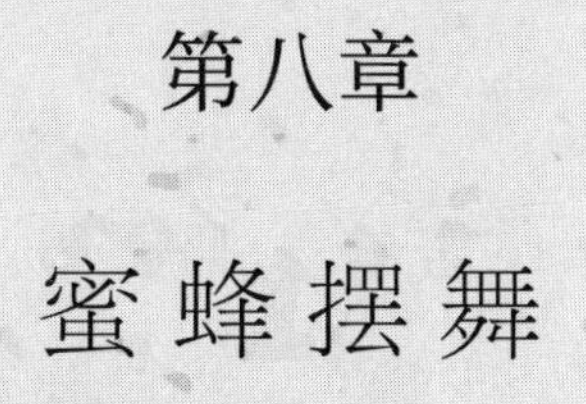

第八章

蜜蜂摆舞

蜜蜂大师

1994年，《连线》杂志的创始编辑凯文·凯利在他的畅销书《失控》（*Out of Control*）中表达了对自组织的计算文化[①]的支持，该文化具有高度智能但不受集中控制的特征。他将这种文化比作蜂群：寻找新蜂巢的蜜蜂会自动集结，犹如

① 自组织理论是起源于20世纪60年代末期的一种系统理论，其研究对象主要是复杂的自组织系统（如生命系统、社会系统）的形成和发展机制问题，即在一定条件下，这些系统是如何自动地由无序走向有序，由低级有序走向高级有序的。计算文化即计算的思想、方法、观点等的演变史。——译者注

一团“黑云”。凯利在开篇处讲述了他的一位养蜂人朋友面对突然而至的蜂群的反应：

> 马克没有犹豫。他扔下工具迅速进入蜂群，没有任何护具的头马上处于蜜蜂旋风的中心。他小跑着与蜂群同步穿过了院子。马克越过一道又一道篱笆，头上仿佛戴着一个蜜蜂光环。此刻，他正小跑着跟上那群响声如雷的动物，他的头仿佛被蜂群托着，浮在空中。

最后，蜂群终于摆脱了养蜂人的追赶，在无人引导的情况下选定了新的家园。它们的行为是分布式管理的绝佳实例，对凯利来说，这只是一个生动的比喻。但如果蜂群思维不只是隐喻呢？如果蜜蜂也能像人类一样进行复杂的交流呢？如果真是这样，我们可以通晓它们的语言吗？

* * *

人类很早就注意到了蜜蜂的摇摆舞。想象一下蜜蜂跳队列舞[②]的模样：一只工蜂左右摆动腹部，在空中反复划着“8”字，其他蜜蜂也开始模仿，它们学习领舞的动作，同时用触角轻触领舞的腹部。直到20世纪中期，人类依然无法解开蜜蜂跳舞之谜。最终奥地利科学家卡尔·冯·弗里希成功解开了这一谜团，他证明了摇摆舞是蜜蜂的一种语言形式，并因此获得了诺贝尔奖。

弗里希取得如此成就并非命中注定。成长于奥地利的弗里希在上学时期常常为了去动物园而逃学。那个动物园里有100多只动物，其中只有9只是哺乳动物。弗里希最喜欢的还是一只名叫乔基的巴西小鹦鹉，它经常坐在他的腿上，停在他的肩头。弗里希和乔基在户外常常一待就是几个小时，他们什么都不做，只是静静地看着彼此。弗里希后来回忆：“我发现，世界会向耐心的观察者展示自己的神奇之处，但不会让行色匆匆的路人有任何收获。”

从医学院退学后，弗里希进入了一个更新（也相对边缘化）的实验动物学领域，并于1912年开始研究蜜蜂。19世纪的动物学领域主要以动物尸体为研究对象，但弗里希决定

② 队列舞在此是指一种由美国乡村音乐和西部音乐伴奏、跳舞者排成一行的舞蹈。——译者注

另辟蹊径。当时，他在慕尼黑的一所大学任教，居住在距离市区几英里的郊区。比起学校里的实验室，弗里希更喜欢在大自然里开展实验和研究：他在自己的小院里安装了蜂箱，放养了许多蜜蜂。在此后的几十年里，弗里希每天都会抽出大量的时间在蜂箱附近观察蜜蜂，天天如此。而在妻子抗议之后，他也只是每年在妻子生日的那天休息一天而已。

弗里希的第一个发现就震惊了整个科学界。蜜蜂不仅受花朵的颜色吸引，而且它们对花朵颜色的偏好可以通过训练改变。而当时科学界延续数百年的观点是，吸引蜜蜂的是花朵的味道。1914 年，欧洲正徘徊在战争边缘，弗里希则在欧洲各地游历，训练不同地方的蜜蜂将花蜜与特定颜色的纸片联系在一起，并为公众做表演实验。弗里希的实验设计非常巧妙，他故意将卡片涂成了当时讲求时尚的欧洲女士们喜爱的蓝色，以营造蜜蜂不仅会涌向纸片，还会环绕蓝衣女士的效果。果然，当蜜蜂们围着穿着蓝色衣服的观众时，他们响亮的尖叫声仿佛是对弗里希的发现的惊叹。事实证明，弗里希的蜜蜂不仅“善于发现”，更会“主动出击”。

破译蜜蜂之舞

弗里希并未止步于此。1917年，他在观察的过程中发现：总有蜜蜂会时不时地飞到空着的饲料盘边，好像在查看里面是否有新的食物。在弗里希往盘中倒入糖水的几分钟后，蜜蜂就纷纷赶到了。他推测，一定是先发现食物的蜜蜂告诉了同伴。但它们是怎么做到的呢？弗里希用了将近30年的时间终于解开了谜团。

为了揭开蜜蜂的通信之谜，弗里希决定听从直觉，反主流而行：他猜测摇摆舞就是蜜蜂的语言形式之一。这一假说违背了西方科学和哲学的核心观点，即只有人类拥有复杂的语言。大多数科学家认为蜜蜂的大脑太小，不可能具备进行复杂通信的能力，但这一观点最终被弗里希彻底颠覆。

事后看来，科学家难以理解蜜蜂通信似乎也情有可原。人类的口头交流很大程度上依赖声带和嘴巴发出的声音与面部表情，以及肢体动作。我们的交流主要依靠声音（空气粒子的振荡），而蜜蜂的交流主要依靠身体的移动和振动。“蜜蜂语”的语法是它们振动身体（特别是腹部和翅膀）的动作、频率、角度、幅度，和人类的语言完全不同。我们可以把震颤舞蹈，例如振动、颤抖，倾斜、转动的动作，想象成一种手语。工蜂一旦发现优质的食物源，便会立刻返回蜂巢通知其他伙伴。这时，传信的工蜂会跳起“8”字摇摆舞：拍打翅膀划出一条直线，收起翅膀向一侧绕圈回到原点，再次拍打翅膀划出直线，然后收回翅膀从另一侧绕回原点。今天，对人类来说，蜜蜂能用舞姿指示以太阳方位为参照的食物所在地的方向，并用舞蹈的时长表明所在地与目的地之间的距离已经不是秘密。而当初，弗里希只是在直觉上认为蜜蜂跳摇摆舞能够给同类传递这些信息。就像战争时期的密码学家一样，他必须破译蜜蜂的密码，才能证明蜜蜂的舞蹈是一种通信方式。

弗里希制订了一个雄心勃勃的实验计划，他要追踪数千只蜜蜂，分析它们的舞蹈与特定食物所在地的联系。这在当时几乎是一项不可能完成的任务，因为单个蜂巢内的蜜蜂数量一般在 10 000 ～ 40 000 只。但弗里希还是通过细致入微的观察和坚持不懈的努力证明了他的假说：领舞蜜蜂跳摇摆舞时的前进方向与所受重力和太阳位置具有相关性；通过微调舞蹈的时长、动作的速度和幅度，传信的工蜂能准确告知同伴食物的方向、距离和质量，蜂巢中的其他蜜蜂根据这些信息飞往以前从未去过的食物所在地。

随着实验的推进，弗里希愈发惊叹于蜜蜂通信系统的精确性。在弗里希最为著名的一次实验中，他训练蜜蜂跨越了湖泊和山脉，成功找到了在几英里外的一处隐秘的食物所在地。这无疑是一次壮举，因为他只让一只蜜蜂“先行考察”过目的地。在另一项实验中，弗里希证明了不同蜂巢的蜜蜂舞姿也有不同。蜜蜂学习舞蹈的对象是同一蜂巢的伙伴，简而言之，蜜蜂的舞蹈语言也有“方言”，就像人类的语言一样。

牛铃和填色游戏

弗里希为自己的发现感到震惊，于是决定暂时保守“秘密”。弗里希的发现证明了蜜蜂拥有学习、记忆、通过复杂的符号通信与同伴分享信息的能力，而这些结论将彻底颠覆主流科学认知。1946年，弗里希在一封给女性友人的信中写道：“如果你觉得我疯了，那你就错了。不过我理解你。”弗里希的担心并非多余。当他最终将研究发现公之于众时，许多科学家都对他的成果不屑一顾，并坚持认为大脑如此之小的昆虫不可能有进行复杂通信的能力。美国生物学家安德鲁·温纳质疑弗里希的结论，他认为蜜蜂仅凭气味觅食（这一理论后来被证明是错误的，虽然气味对蜜蜂来说的确是重要的判断依据）。后来，普林斯顿大学的生物学家詹姆斯·古尔德设计了一个巧妙的实验终结了这场辩论。实验掩盖了食物的气味，并特意设置了误导蜜蜂的光源，结果蜜蜂还是准确地找到了食物。此时，弗里希已经失去大部分资助，几乎就要丢掉教职，但这个实验再次证明了他的发现，挽救了他的研究生涯。

后来，弗里希成了科学名人，不仅获得了洛克菲勒基金会的资助，还应邀到美国进行巡回讲座。在公布研究发现的30年后，也就是1973年，弗里希获得了当年的诺贝尔生理学或医学奖。诺贝尔奖委员会虽然认可了他关于蜜蜂能够进行复杂通信的结论，但依然十分谨慎地在颁奖词中避开了这一可能引发争议的观点，只在最后提到人类拒绝承认蜜蜂的超凡能力是出于“无耻的虚荣心”。

弗里希的结论之所以“无懈可击”，不仅是因为他本人工作细致、观察入微，还因为他有一群可靠的志愿者：他的妻子、孩子、学生、兄弟姐妹、邻居，甚至客人。在实验中，弗里希会将志愿者们带到森林或田野中，为每个人选定位置，让他们从蜂巢四周进行观察。弗里希负责计算每只蜜蜂舞者回到蜂巢后再离开的次数，志愿者则负责计算每只蜜蜂降落到喂食点进食的次数。这一观测过程往往持续数小时。弗里希对志愿者的要求十分严格：任何人不得以任何理由离开喂食点，志愿者之间通过摇晃牛铃相互交流。弗里希的哥哥尤其记得一次漫长而难熬的实验：他迫切地想要抽烟（却忘了带烟斗），但弗里希不允许他离开，哪怕只有几分钟时间。

实验的关键在于弗里希发明的编码系统。弗里希让志愿者们在蜜蜂的腹部和胸部精准地画上不同颜色的小点，这些小点包含着编码信息：点的颜色代表数值，它们在蜜蜂身上的位置对应数值的十进数位。弗里希和志愿者们观察了数千只蜜蜂的跳舞和进食过程，并利用这个简单的系统对它们进行区分。他们可以选定一只蜜蜂，观察它往返喂食点（弗里希将喂食点以固定间距设置在蜂巢四周的田野和森林中）和蜂巢的整个过程。工作时，弗里希常手握秒表，在蜂巢前一坐就是几个小时，仔细观察所选定的那只蜜蜂的舞蹈。观察结束后，志愿者们会比对在蜂巢跳舞的蜜蜂和在喂食点进食的蜜蜂的“身份”，这项工作的难度堪比要求希思罗机场的空中交通管制员只用算盘、铅笔和笔记本来完成工作。

* * *

在当时的历史背景下，志愿者们本就难得的付出更显伟大。他们直到第二次世界大战即将结束时才有重要发现，而在那以前，弗里希已经因为犹太血统几乎丢掉了工作，学校的实验室也被夷为了平地，弗里希和家人们回到乡间居住，但是即便在食物极其紧缺的情况下，他仍然收留了许多逃难的亲戚。1945 年，当苏军和美军正向德国境内挺进之时，弗里希和志愿者们对单只蜜蜂进行了 3 885 次摇摆舞的观察。不论环境如何艰苦，弗里希始终保持着每天观察蜜蜂的习惯。

弗里希在晚年回顾自己的研究生涯时表示，一个看似微不足道的创新往往是开启成功之门的钥匙。过去，研究人员从未关注过单只蜜蜂的行为，现在看来，在蜜蜂身上手绘编码、用秒表和牛铃辅助观察或许非常落后，但弗里希之所以能够成功，正是因为他充分、系统地运用了当时最先进的技术。他曾表示，自己所有的重要发现都得益于好的观察方法。他用于研究蜜蜂振动发声的方法不仅探明了蜂巢的内部情况，还发现了蜜蜂社会生活的丰富程度是如此出人意料。

弗里希将蜜蜂的舞蹈比作“魔法井”，越深入其中，就越会发现它的复杂与神奇。他认为，每个物种都有自己的魔力和神奇之处。人类的有声语言和鲸鱼的回声定位赋予了这两个物种通过声音“全景展示”周围世界的能力，群居昆虫则拥有空间语言和具身语言[3]：现在，人类已经对这些动作的细微差异有所了解，例如摇摆、敲打、摩擦腿或翅膀、抚摸、抽搐、抓握、尖声鸣叫、颤抖、摆动触角等。不过，蜜蜂的舞蹈至今仍是人类已知的唯一一种能通过身体动作表达复杂符号象征意义的非人类语言，也是许多科学家公认的人类成功破译的最复杂的动物符号系统。起初，许多科学家坚持认为摇摆舞只是“通信方式”，但弗里希坚定地选择了“语言”一词：蜜蜂可以通过这一符号系统交换信息，协调复杂行为，形成社会群体。

弗里希的后继者们抵达了“魔法井”的更深处。他们发现，蜜蜂不仅能用身体动作传递许多信号，还能用人类难以听到或无法理解的声音和振动信号相互交流。现在，研究人员可以通过计算机软件自动解析这些信号，从而探究蜜蜂通信的奥秘，这一领域被称为振动声学。他们有了哪些发现呢？人类虽然在几个世纪以前就知道蜂后有专属“词汇”（比如嘟嘟声和嘎嘎声），但其后一直在这个领域毫无进展。而不久前，研究人员运用振动声学技术发现了工蜂的独有信号，

③ 具身语言来自具身语言学。具身语言学是以“具身认知观”为哲学基础的语言学理论，为语言学习和语言理解提供了全新的研究理论和方法。——译者注

比如提示特定威胁的安静（停止）信号和警告有危险靠近的高音信号（只要轻敲蜂巢，工蜂就会释放这种信号）。工蜂还会用尖叫、乞求、摇晃等信号引导群体或个体做出反应。

这些发现进一步证明了蜜蜂的能力是多么惊人。蜜蜂的视力非常发达，处理复杂视觉信息的能力也尤其突出。它们不仅能区分不同的花朵和地形，还能分辨人脸，经过训练的蜜蜂甚至很快就能区分莫奈和毕加索的作品。在 2016 年和 2017 年的两项突破性实验中，研究人员证实了蜜蜂拥有社会学习和文化传播的能力（这是西方科学第一次认可无脊椎动物拥有这些能力）：研究人员训练蜜蜂学习拉绳，而学会的蜜蜂将得到蜜糖的奖励（这些蜜蜂从未接触过类似任务）。很快，“学成而归”的蜜蜂会向蜂巢的同伴传授方法，这证明了蜜蜂可以通过观察同伴行为的方式学习新的技能，而这些能力还会在蜂群中进一步传播，成为群落文化的一部分。研究人员还发现了蜜蜂社会生活的阴暗面，虽然它们在大多数情况下表现得乐于协作、行动准确而高效，但它们也会犯错，甚至有抢劫、欺骗、群居寄生[4]的行为。蜜蜂还可能拥有

---

④ 群居寄生（asocial parasitism）的蜜蜂对蜂群没有任何贡献，它们单纯依靠其他蜜蜂的劳动成果生活。——译者注

与人类的悲喜类似的情绪，它们也会沮丧，也有和多巴胺分泌相关的情绪波动。在一项具有里程碑意义的实验中，研究人员发现了新的蜜蜂信号，一名成员谨慎地表示：“蜜蜂通信远比我们想象的复杂……它们展现出的群体智慧让人不禁发问：它们或许不只是只有本能反应、缺少思考能力的低等生物？”

* * *

康奈尔大学的蜜蜂科学家托马斯·西利在一项著名研究中证实了，蜜蜂的语言不仅与觅食行为有关。几十年来，西利一直在关注蜜蜂的分蜂现象，凯文·凯利同样如此。分蜂是蜜蜂自然繁殖的方式：蜂群一分为二或一分为多，其中一群蜜蜂会离开原来的蜂巢，另觅新的家园。西利想知道，新产生的蜂群是如何选定安家地点的呢？在西利着手研究之前，科学家们对分蜂现象的了解少之又少。在蜂群移动的时候，速度最快的蜜蜂每小时可以飞出 20 英里（约 32 千米），它们会径直朝目标前进，不会在沿途的田野、水体、山丘和森林停留丝毫。人类跟不上蜂群的速度，更不可能同时追踪几千只蜜蜂，找出究竟是哪些个体（假如真有这样的个体存在）

在带领大部队行动简直是不可能完成的任务。西利对蜜蜂如何决定选择新家非常好奇，因为这个决定具有很高的风险，分蜂有可能导致蜂后走失，错误的地点还可能让蜂群集体死亡。

起初，西利使用的研究方法与弗里希相近。不过，进入21世纪后，西利通过数字技术进一步拓展了实验边界，调整了研究方向。他与一名计算机工程师（这位工程师对蜂群和无人驾驶汽车之间的相似性很是好奇）取得联系，请他为自己位于阿普尔多尔岛上的研究基地安装了高性能摄像机，他们希望创造一种可以自动识别并同时追踪10 000只迅速移动的蜜蜂的算法。经过两年的不懈努力，符合设想的算法终于诞生了，在高速摄像机和最新计算机视觉技术的辅助下，这一算法可以识别出视频中的每一只蜜蜂，并定向分析任意蜜蜂的飞行模式，不仅可以发现人眼难以察觉的模式，还可以破译这些种类丰富、数量庞大的模式之间的相互作用与联系。西利最为惊人的发现或许是蜜蜂选定新家的过程：蜜蜂的民主决策形式多样，包括集体实地调查，充分辩论，建立共识，规定代表数量，释放复杂的停止信号以实现交叉抑制、避免陷入僵局等多种手段。换言之，蜂群是移动的高效民主决策机构，其运作机制与人类大脑和人类社会某些决策过程有许多相似之处。西利甚至表示，蜜蜂在蜂群进行集体决策时的表现与神经元在人类思考时的表现非常接近。

西利的研究成果不仅在《科学》期刊发表，还得到了多家媒体的宣传报道，这让蜜蜂拥有语言的观点得到了有力支持。通过证明“蜂群思维”不只是一种比喻，西利推动了群体智能在机器人工程领域的发展。西利的研究以数字技术（计算机视觉和机器学习）为基础，其成果又进一步促进了它的发展：乔治亚理工学院的两位计算机科学家以此为灵感创造出了蜜蜂算法，这一算法被广泛应用于网络托管中心（类似蜂箱），作用是优化服务器的任务（类似负责觅食的工蜂采集花蜜）分配，从而避免需求量激增时等待时间过长的情况，如今已经是价值数十亿美元的云计算产业的重要组成部分。2016 年，美国科学促进会[⑤]将金鹅奖授予了西利和与他合作的计算机工程师，授奖理由是该研究极大推动社会进步，创造了巨量的社会价值。

蜜蜂的语言已经不是秘密，新的问题也随之产生：我们能用蜜蜂拥有的理解方式和它们交流吗？人类和蜜蜂在生理

⑤ 美国科学促进会成立于 1848 年，是全球最大的非营利性国际科技组织，也是《科学》期刊的主办单位。——译者注

学上的差异如此巨大，跨物种交流有可能实现吗？解答第一个问题的关键在于承认和了解蜜蜂的语言能力，同时摒弃人类语言是唯一一种交流方式的观念。解答第二个问题的关键是数字技术，特别是蜜蜂机器人。

会跳舞的蜜蜂机器人

在弗里希和其追随者的努力下，研究人员早已知晓蜜蜂也会使用振动信号，而且会对不同的振动模式做出不同反应。过去几年，科学家们通过综合运用计算机视觉和微型加速度计（类似灵敏度超高的手机运动传感器）成功破译了多个细微的生物振动信号——这些振动是动物通信的关键，但人类很难察觉。事实上，技术进步已经让“终身”跟踪分析蜜蜂的通信和其他活动成为可能。

科学家们的另一项突破是创造出了能够精确模仿蜜蜂振动模式的机器人，它弥补了工程师所说的机器人和活蜂之间的“现实差距”。蒂姆·兰德格拉夫是任教于柏林自由大学的一名数学和计算机科学教授，他一直致力于通过计算机视觉技术和机器学习识别个体蜜蜂并追踪其行动的研究。在一次实验中，他用计算机逐一分析了 3 天中采集到的 300 万个蜜蜂图像和蜂巢中全部个体的行动轨迹，而误差率仅为2%。

兰德格拉夫最具创造性的成果是设计出了能用蜜蜂的语言与蜜蜂交流的机器人。兰德格拉夫与柏林自由大学机器学习和机器人中心的研究人员合作开发了一个简单机器人，并为其取名“机器蜂”。“机器蜂”的雏形诞生于2007年，这些机器蜂被固定在长棍的一端，在左右两个马达的驱动下不停摆动，兰德格拉夫评价它“糟透了”。当这样的机器蜂进入蜂巢，蜜蜂会立刻撕咬、叮蜇它，或者将它拖出巢外。在蜜蜂眼里，这样的蜜蜂或许太奇怪了。此后5年，兰德格拉夫多次改良了机器蜂，机器蜂可以搭载更为复杂的电力系统，实现了平面上的移动。兰德格拉夫还曾试着提高机器蜂的温度，因为他猜测蜜蜂讨厌冰冷的金属和塑料（蜜蜂跳摇摆舞时，胸部的温度非常高），但温暖的机器蜂遭到了更加坚定的拒绝——或许是热塑料释放的化学物质惹恼了蜜蜂。打开蜂巢、放入机器蜂的动作本身就是一种干扰：蜂巢内部的温度下降，气流涌入蜂巢，蜜蜂便进入防御状态——相互靠近，形成一道不可穿透的“蜂墙”，以保持温度，抵御外来入侵。基于这一发现，兰德格拉夫为机器蜂加上了塑料隔板，目的是尽量减少对蜂巢内部气温和气流的影响。后来，他又设法降低了机器蜂的噪声，因为蜜蜂很平静，所以机器蜂应当尽量“像蜜蜂一样”。他还试着让机器蜂带上食物，但效果不佳，于是他最终决定将改良的重点放在翅膀振动上。

模仿蜜蜂振动是一项极复杂的任务。蜜蜂在跳摇摆舞时，腹部会振动，并且有六自由度[⑥]，它们不仅能微调动作细节，还能迅速改变动作方向。最能准确还原（虽然还不完美）这些动作的是被应用于飞行模拟器的斯图尔特平台[⑦]。将这一平台缩小到机器蜂大小似乎是天方夜谭，但兰德格拉夫没有放弃。连续数月，兰德格拉夫每天早上都会将特定地点的坐标信息编入机器蜂的程序，然后把它放进蜂巢，让它与真蜂“交流”。当机器蜂更新到第6代时，蜜蜂终于接纳了它。但这种接纳不是与它互动和跟随，而是无视它的存在。这也就意味着即便兰德格拉夫将特定地点（那里有作为奖励的糖浆）的坐标信息输入了机器蜂的预设程序，但如果蜜蜂不愿跟随机器蜂，兰德格拉夫也无从得知机器蜂是否将方位信息准确地传达给了真蜂。

⑥ 物体在空间中有六自由度，即沿x、y、z三个直角坐标轴方向的移动自由度和绕这三个坐标轴的转动自由度。——译者注

⑦ 斯图尔特平台由6个独立驱动臂和上下两个平面组成，该平台可在三维空间内任意调整位置和朝向。——译者注

第7代机器蜂取得了重大突破——蜜蜂开始模仿机器蜂的舞蹈，表现出它们在了解与食物所在地相关信息时常见的“伴舞”模式。这时，兰德格拉夫统计了离巢的蜜蜂数量，并用谐波雷达跟踪记录了被标记蜜蜂抵达食物所在地的路径。统计结果显示，大量蜜蜂成功抵达了兰德格拉夫通过编码让机器蜂“转达”给真蜂的位置。机器蜂的舞姿由一个数据驱动的舞蹈模型控制，该模型通过对数小时的蜜蜂舞蹈视频进行分析，确定了相关变量。这些实验并非兰德格拉夫首创。20世纪50年代，英国科学家约翰·霍尔丹发表了一份详实的统计报告，该报告展示了蜜蜂的摇摆舞和它们外出觅食的平均方向之间的联系。20世纪70年代，另一组研究人员开发的机器蜂已经能用准确的舞姿带领一小群真蜂抵达花蜜的所在地。但兰德格拉夫是第一个将指令编入自动算法，控制机器蜂的动作并使其成功通过摇摆舞将信息传回蜂巢的人。实际上，兰德格拉夫创造出了面向蜜蜂的生物数字版“谷歌翻译”。

不过，兰德格拉夫的机器蜂并非每次都能“传话”成功，而他并不清楚左右结果的原因。他猜测是机器蜂需要先释放一个独立的初始信号，就像在开始对话前应当握手一样。此前，他的机器蜂应该是随机释放了这一信号，而蜜蜂只有在听到这一信号后才愿意“理会”它们。又或许，蜜蜂还需要来自另一个设备的振动信号。康奈尔大学的蜜蜂研究员菲比·凯尼格不久前成功发明了一种能够准确模仿蜜蜂的“摇摆”信号，并获得蜜蜂反应的仪器。或许，兰德格拉夫将在下一项名为“蜂巢城”的实验中破译神秘的“握手”信号。他计划建造一个人工蜂巢，并将机器蜂提前放入蜂巢内部，它们就像家具一样，是新家的一部分，等待着真蜂到来。兰德格拉夫希望用这样的方式让乔迁至此的蜜蜂快速接纳机器蜂的存在。他还计划用生物材料改良机器蜂的质地，因为用生物材料制成的仿生机器蜂更有可能被蜜蜂接受。他的下一个目标是将机器学习融入机器蜂的控制系统，让它们在进入蜂巢前掌握更多的蜜蜂信号。兰德格拉夫希望蜜蜂能将机器蜂看作“土著居民”，并听从它们的指令，根据它们的摇摆舞飞到指定地点。未来的机器蜂或许还能学会蜜蜂的方言（随地域改变）。而这些不过是冰山一角，蜂巢城还将帮助人类了解蜜蜂群落处理、整合不同信息的过程。

包括“蜂巢城”在内的一系列“智慧蜂巢”计划正在推动养蜂业的数字转型。2015 年，爱尔兰工程师菲奥娜·墨菲提议建立一个集传感器、红外线及热感摄像机、物联网（以获取反馈）于一身的蜜蜂综合监测平台。这一系统将能识别与蜂后有关的声音和振动信号，预测分蜂时间，发现蜂群染病的早期迹象，帮助养蜂人提高养蜂过程的准确性。但兰德格拉夫希望在监控的基础上再进一步，他认为真正的智慧蜂巢应该具备双向交流功能：蜂巢能够通过振动、声音和信息素等信号提示蜜蜂注意危险（例如附近的田地刚刚被喷洒杀虫剂，或风暴即将来临），或引导蜜蜂找到最好的食物源。智慧蜂巢与智慧城市有诸多相似之处，但也有根本性不同：智慧城市只针对人类，而智慧蜂巢则是实现了人类、机器与蜜蜂之间的相互交流和协作的跨物种网络。

蜂蜜猎人

这些发明看似惊人，但兰德格拉夫并不是第一个利用振动声学与蜜蜂对话的人。事实上，人类早已掌握与蜜蜂交流的技能。我们的祖先很久以前就能控制并利用蜂群，那他们是怎样做到的呢？答案是声音。吼板[⑧]是人类学家熟知的最古老的人造乐器，也是目前已知的最早的振动声学装置。吼

⑧ 吼板是世界多地土著居民用于宗教仪式的一种能在甩动旋转时发出响声的板状物。——译者注

板在各个大陆均有出现，是土著居民的一种宗教仪式用具；不过，根据古希腊的酒神传说，吼板还有一个鲜为人知的功能——狩猎蜜蜂。吼板（澳大利亚土著居民将其称为“特尔顿”或“布里本”；波莫部落[9]居民则将其称为“卡利玛托托帕多克”）的结构看似简单：一块长方形的木头、石头或骨头薄片，其中一端磨圆，另一端系着长绳或动物的肌腱。使用时，先将绳子稍作扭转，然后绕圈甩动吼板。吼板带动空气振动，能发出90～150赫兹的声音，这种嗡嗡声音量很大，与螺旋桨的声音相近。此外，吼板的声音还有“触感”：那嗡嗡声似乎直入骨髓，让人感觉被一群蜜蜂包围。

今天，非洲的撒恩人[10]仍在使用吼板吸引蜜蜂聚集，引导它们到人类容易抵达的地方筑巢。撒恩人称吼板为“戈恩”，字面意思是“打”，就像打鼓一样。使用吼板时，撒恩人会跳起舞蹈，进入一种恍惚的状态，他们相信祖先会在此时降临，指引蜜蜂前进。（现代养蜂人依然在用敲击声安抚蜜蜂、引导它们前往巢穴，这种方法与简化的撒恩仪式非常接近。）早在振动声学诞生以前，撒恩人就已经对蜜蜂通信有了深刻

⑨ 波莫人是生活在美国加利福尼亚州的土著居民。——译者注

⑩ 撒恩人是生活在非洲南部沙漠地区的土著居民。——译者注

理解。人类学家表示，撒恩人通过模仿蜜蜂的声音，实现了与蜜蜂的“共存”。

与蜜蜂交流并非撒恩人独有的技能。在非洲的许多地方，寻找蜜蜂的人都会在一种鸟——大响蜜䴕（它的拉丁名有“指示器”的含义，直白地表明了它的能力）的带领下抵达目的地。寻蜜是一门古老的艺术，最久远的岩石画上有人类捕猎野蜂的画面。而动物王国中最出色的蜂蜜猎人大响蜜䴕为什么会与人类合作呢？大响蜜䴕是地球上数量极少的以蜂蜡为食的鸟类（同时也是脊椎动物）。营养丰富、富含脂质的蜂蜡是它们理想的能量来源。但非洲的蜂巢大都在树洞内部，门口还有“重兵”把守，如果鸟儿贸然靠近，凶悍的蜜蜂甚至会杀死它们。大响蜜䴕很可能依靠强大的嗅觉就知道蜜蜂在哪儿，但却无法靠近蜂蜡。于是，它们决定和不擅长寻找蜜蜂，但懂得如何获取蜂蜡的人类合作。

在共同狩猎的过程中，蜂蜜向导和蜂蜜猎人间逐渐形成了一种微妙的合作交流模式。科学家们已经证实肯尼亚北部的博兰人[11]能根据鸟的叫声、停靠高度和飞行动作得知蜂巢的距离、方向和抵达所需的时间。但大响蜜䴕真的在和人类对

---

⑪ 博兰人是生活在肯尼亚的土著居民。——译者注

话吗？由剑桥大学的克莱尔·斯波蒂斯伍德带领的研究团队决心找到这一问题的答案。他们在莫桑比克的尼亚萨国家保护区（面积与丹麦的国土面积相当，整片区域仅有几条公路，且无法联网）开展了一系列针对大响蜜䴕的研究，并证实了互易信号的存在：当蜂蜜猎人发出特殊的声音，提示大响蜜䴕自己做好了狩猎的准备，他们得到大响蜜䴕指引的概率从33%上升到了66%，而成功找到蜂巢的概率更是从17%提高到了54%。

蜂蜜猎人是如何和鸟儿合作的呢？首先，猎人发出特殊的呼喊，宣布自己做好了寻蜜的准备。以尼亚萨的耀族猎人为例，他们会发出一种类似“波儿……哼……”的声音——响亮的颤音接着咕噜声。不一会儿，大响蜜䴕便会靠近，用一种特殊的鸣叫做出回应。接着，鸟儿会带领猎人向蜂巢的方向前进。当鸟儿停止鸣叫，并最终降落在某一地点时，猎人知道目的地就在附近了。他们会查看树枝，用斧头敲击树干，希望惊扰蜜蜂好让它们暴露蜂巢的位置。发现蜂巢后，猎人会在蜂巢下方点燃树叶和木头，把蜜蜂熏晕，然后砍倒大树、劈开蜂巢。蜂蜜会被猎人倒入桶中带走，蜂巢则会被弃置一旁，而这些空巢恰恰是鸟儿等待已久的大餐。大响蜜䴕会耐心地等到人类走后才上前进食。耀族猎人在离开之前会将一些蜂蜡放在鲜嫩的绿叶上，以示对鸟儿帮助狩猎的感谢。

大响蜜䴕这样的野生鸟类是怎样读懂人类的声音的呢？被驯化的动物，比如猎鹰和狗，拥有这样的能力并不稀奇，但野生鸟类也能做到这点实在令人吃惊（虽然人类和海豚、虎鲸、乌鸦之间也存在合作狩猎的关系）。虽然其中的机理尚不明确，但我们清楚地知道大响蜜䴕并不会教给孩子合作狩猎的技能。大响蜜䴕以“寄生育雏”的方式繁育后代：它们把蛋生在其他鸟类的巢穴里，同时破坏巢穴主人的蛋以提高自己后代的存活率。大响蜜䴕将孩子“托付”给毫无准备的养父母后便一走了之，它们从未见过孩子出生后的样子。刚孵化的大响蜜䴕就有锋利的钩状喙，它们常常会把养父母幸存的孩子全部咬死。除此之外，我们还知道蜂蜜猎人和大响蜜䴕之间的交流信号并非固定不变，非洲不同地区的猎人使用的信号各不相同，他们以耳传口授的方式将这些信号传承了下来。

大响蜜䴕又是如何学会这些声音的呢？斯波蒂斯伍德和她的同事正在通过数字技术与传统知识相结合的方式寻找这个问题的答案。他们开发出了一款定制应用程序，可以让蜂蜜猎人在狩猎的同时收集各项数据。现在，耀族的蜂蜜猎人正在尼亚萨国家保护区的密林中穿行，手握斯波蒂斯伍德团队开发的手持安卓设备，一边寻找蜜蜂，一边呼唤大响蜜䴕。这些猎手作为剑桥大学的“数字保护研究助理”，可以直接从剑桥大学领取报酬。

控制蜂群

与弗里希的秒表和牛铃相比，现在的研究手段已经有了诸多创新。研究人员已经可以通过计算机视觉技术和机器学习跟踪观察蜂巢内的所有蜜蜂，也因此对蜂巢的内部情况有了更加深入的了解。弗里希和数十名志愿者通过持续数月的观察，才收集到单体蜂 3 885 次摇摆舞，这在当时算是最大的数据集，而首个被用于研究蜜蜂轨迹数据集的仪器能连续分析 300 万个图像，采集这些图像只需 3 天时间。

数字革命还推动了蜜蜂监测技术的更新。通过“蜂房管家”“迷你蜂箱”和“蜂联网”这些自动蜂巢监测系统，养蜂人可以实时掌握蜂巢情况，发现以前难以察觉的问题。“大黄蜂观察”应用程序和“蜜蜂观察员”网站可以接受蜜蜂爱好者发送的照片和信息，两者都是世界各地的科学家追踪野生蜜蜂的常用工具。以上监测系统、应用程序和网站所产生的数据大都存储在公共数据库中，供蜂巢研究者自由取用。一些研究人员甚至用英特尔芯片为携带射频识别标签的大黄蜂开发了专属“背包”，在遍布各地的数据记录仪的帮助下，他们可以在任意地点构建大黄蜂飞行路线的三维模型。研究人员的下一个目标是将这些技术应用于环境保护当中。智能蜂巢不仅能通过传感器和摄像头监测蜜蜂的行动，还能引导它们为作物传粉、避开污染地区。这些技术的用途还有很多，比如让蜜蜂代替人类勘察危险区域，驱使蜜蜂机器人参与环境保护工作，或是让蜜蜂为救援行动贡献力量。

不断积累的数据逐渐显现出一种孪生子效应，蜂巢可以通过数字技术拥有虚拟孪生版，“虚拟蜂巢”可以完美再现真实蜂巢的情况。这些技术很可能成为我们拯救蜜蜂，以及其他许多物种的关键。采蜜时，蜜蜂会到多个地点进行采样，这一特点让它们成为天生的“侦察兵”。近年来，人类已经成功训练蜜蜂（和其他昆虫）完成了多项化学品和污染物的检测工作。通过分析蜜蜂的舞蹈，研究人员可以更加准确地掌握特定环境的可持续性和整体状况。相关研究还有助于提高传粉效率，预防屡见不鲜、令人担忧的蜂群衰竭失调[12]现象。

---

⑫ 蜂群衰竭失调又称蜂群崩溃综合征，受这一问题影响的蜂巢会出现工蜂突然离开巢穴或集体死亡的现象。——译者注

蜜蜂还有成为优秀指示生物的潜力，它们能以人类目前无法同时实现的高精度和低成本方式来调查、监测、报告环境情况。如果相关技术在实际使用中的表现能够达到科学家的预期，那么蜜蜂所提供的近实时的环境数据，让人类更有可能将环境威胁遏制在可控范围之中。现在，包括哈佛大学在内的一些研究机构正在努力开发蜜蜂机器人，这些自主飞行的微型机器人不仅能为作物传粉，同时还能开展高精度的环境监测。不过，一些环保人士认为，人造工具的传粉效率将始终无法和蜜蜂媲美。我们不该用蜜蜂机器人代替蜜蜂，而是应该用数字技术来保护它们。

批评人士指出，数字化的蜜蜂存在“被武器化”的风险。蜜蜂与军队的渊源由来已久：它们在第一次世界大战中发挥了重要作用，当时大部分弹药的表面都涂有蜂蜡。现在，蜜蜂在军事领域的作用已经延伸到了更加宽广的范围。美国军方一直在积极探索将蜜蜂生物探测器用于缉毒、保护国土安全和排雷等行动当中。要想动用这些军事科学家口中的“六条腿的士兵”，科学家必须通过干预蜜蜂的基因或肌体控制其神经系统、迁徙模式和社会关系。以美国军方的“秘密昆虫传感器”计划为例，科学家训练蜜蜂用舌头检测危险化学物，经过训练的蜜蜂会被装入探测器的小盒子，由士兵随身携带。

蜜蜂一旦发现危险物质，比如军用级爆炸物，它释放的信号就会被探测器中的微芯片捕捉，并转化为警报。小盒内的蜜蜂只能存活几周，而“替换盒”会被直接邮寄到士兵手中。据负责该项目的科学家介绍：“士兵只需要取出旧盒子，换上新盒子就行了。”让蜜蜂检测危险爆炸物对军方来说或许是个好主意，但在实践之前，我们还应当思考如此大范围地随意处置蜜蜂是否真的妥当？数字技术存在的意义难道只是让蜜蜂变成军用工具吗？

撒恩人和耀族人给了我们看待人类与蜜蜂关系的另一个视角。在传统文化中，与蜜蜂交流是神圣仪式的一环。蜂蜜具有使用层面和精神层面的双重价值，它既是食物，也是圣礼。持有这种观点的不只是非洲的狩猎采集者，早在新石器时代，人类就曾描绘过蜜蜂女神的形象。人类最早的文字记录中就有对蜜蜂的神性的赞美，2 000 多年前，誊录员将埃及世界的起源留在了莎草纸[13]上：太阳神拉（右眼是太阳，左眼是月亮）在造出海洋和大地后流下了眼泪，眼泪变成蜜蜂，在花朵和树木间飞舞，造出了蜂蜡和蜂蜜。诞生于约 2 500 年前

[13] 莎草纸诞生于约公元前 3 000 年，是古埃及人的书写载体，用当时盛产于尼罗河三角洲的莎草的茎制成。——译者注

的《布利哈德奥义书》（意为“大自然的旨意”）有这样的记载：“大地是所有生物的蜂蜜，所有生物都是大地的蜂蜜。”这一“蜂蜜教义”强调了自然万物皆有关联，而蜂蜜更是宇宙赠予世间生灵的礼物。

许多宗教都将蜜蜂视为与人的出生、死亡和成年密切相关的神圣之物，蜂蜜是世界上最古老的天然浓缩糖，蜂胶也有重要的药用价值。人类与蜜蜂交流的渴望还可能源于对一种酒精饮料——蜂蜜酒的热爱。古希腊人认为花蜜（或仙食）是“神的食物”，在酒神祭祀仪式中，人们相信占卜的神使是蜜蜂的化身，为其喂食蜂蜜。玛雅人和罗马人将蜂蜜作为神的贡品。在许多地区，比如印度和埃及，蜂蜜是婴儿出生后最先接触的食品，这些地区的人们相信蜂蜜与灵魂的诞生和消亡紧密相连。凯尔特人、挪威人（他们喜欢用蜂蜜混合牛奶）和撒恩人（他们更愿意用蜂蜜搭配蝗虫）都相信天堂流淌着蜂蜜和蜂蜜酒的河流。在绝大多数文化中，蜂蜜和蜂巢同时具备神圣和平凡的属性，受习俗和宗教的保护。

我们该如何面对这些截然不同的蜜蜂呢？能够与真蜂跨物种交流（虽然还处在初级阶段）的生物融合机器蜂令人惊叹，而被改造成一次性军事探测仪的蜜蜂则让人心惊。这两种情形恰恰象征着人与自然关系的两种走向：是选择统治自然，还是亲近自然？

如果选择后者，那人类和蜜蜂一定会有更多交流，而且人类的交流对象也将不仅限于蜜蜂。在下一章中，你将看到一个科学家联盟正在尝试通过人工智能实现与多个物种——既有灵长类动物，也有鹦鹉、海豚、鲸鱼的相互交流。

第九章

生命之网

跨物种互联网

温特·瑟夫是谷歌公司的副总裁兼首席互联网顾问，自称“互联网之父”。瑟夫很少公开演讲，所以当他宣布参加定于2013年2月举办的TED年度大会（科技领域最负盛名的活动之一）时，立即引发了外界关注。当天，和瑟夫一同登台的还有海豚研究员戴安娜·赖斯、音乐家彼得·加布里埃尔和物理学家尼尔·格申菲尔德。全场观众都在等待瑟夫开口，但首先发言的却是赖斯。

赖斯向观众问好，同时，舞台的大屏幕上出现了小海豚贝利在水中转圈的画面，贝利的动作迅速吸引了观众的目光。

赖斯告诉观众，贝利不是在为镜头表演，而是在透过双向玻璃镜观察自己，这是科学实验中的一环。赖斯解释道，贝利能认出它自己在镜中的倒影，这说明海豚具备“镜中自我识别”能力，相当于自我认知。[1]人类曾经认为只有自己拥有这种能力，但科学家已经证实类人猿、大象，甚至喜鹊也能认出镜子里的自己。赖斯表示，包括镜像自我识别在内的多项测试已经表明，海豚远比人类想象的更加聪明：它们既有意识和情感，也有感觉和自组织学习能力。

紧随其后的是加布里埃尔。他说台上科学家的联合正是在他的努力下促成的。几年前，加布里埃尔开始研究世界音乐，他努力和世界各地的音乐家建立联系，与不同母语的人一起在音乐世界中寻找共鸣。加布里埃尔对动物通信颇有兴趣，他渴望找到某种视觉、听觉或触觉的方法与其他物种交流。他与一些动物学家取得联系后，向他们提出了一个不同寻常的请求：他要和实验室里圈养的动物一起演奏钢琴、吉他等乐器。为了证明自己的要求的合理性，他向这些动物学家播放了一段视频。视频中，加布里埃尔为一只名叫潘巴尼莎的

① 镜像自我识别测试是美国心理学家戈登·盖洛普于20世纪70年代设计，用于测试动物是否具有视觉自我认知能力的一种方法。——作者注

倭黑猩猩即兴演奏了一段乐曲，接着，这只从未接触过钢琴键盘的倭黑猩猩用一根手指敲击琴键。

一天，加布里埃尔找到格申菲尔德，请他观看了倭黑猩猩弹琴的视频。“那个视频让我非常震惊……我意识到人类忽略了太多的东西——除自己之外的所有生物。”格申菲尔德在舞台上讲道，互联网的历史“几乎就是中年白人男性”的历史，但物联网有望进一步拓展，把动物，甚至地球上的所有生物都包含在内。说完，格申菲尔德走到舞台上的一台电脑前，按下了一个按键，瞬间，现场观众就与巴尔的摩国家水族馆的海豚、得克萨斯州的猩猩和泰国的大象实现了在线会面。这是一个历史性的时刻：跨物种互联网就此诞生了。

对此，互联网创始人有什么看法呢？瑟夫表示，起初，互联网工程师认为自己构建的是一个连接电脑的系统，但他们很快意识到这个系统连接的并非电脑，而是人类。瑟夫预测，互联网将进一步发展为连接不同物种，甚至一切有知觉的生物的网络。他还预言，人类将有可能通过这个网络实现与非人类物种（动物和植物），甚至还包括外星人的交流。

* * *

超过4 500名来自世界各地的动物研究人员、电脑科学家、语言学家和工程师正在参与跨物种互联网计划。该计划旨在用翻译人类语言的数字工具来处理其他物种的语言，更具体地说，就是由人工智能将一个物种的通信信号转换成另一个物种的通信信号。当然，它包含一个前提，即其他物种也拥有类似语言的复杂通信工具。如果这一前提成立，我们是否可以通过电脑技术实现人类与非人类语言的互译？近期的科研突破将这个曾经的天方夜谭变得不再那么遥不可及。

“鲸目动物翻译计划”便是其中一个例子。该项目于2021年春天正式启动，参与者分别是来自哈佛大学和加州大学伯克利分校的各领域的科学家们，包括海洋生物学、生物声学、人工智能和语言学，他们希望用非侵入的方式、借助机器来学习和破译抹香鲸的语言。抹香鲸是地球上最大的有齿掠食者，体长可达60英尺（约18.30米），它们的大脑体积也是地球上所有动物中最大的。科学家们推测，巨大的脑袋很可能意味着抹香鲸拥有进行复杂通信的能力。科学家们的另一个推测依据是“社会复杂性假说”，这一假说认为复杂的社会结构往往会催生复杂而多样的通信系统。这一假说最早被用于解释人类语言的发展，而现在，它已经被用在了其他许多社会性动物，比如蝙蝠和大象身上。抹香鲸不仅“健谈”，还热衷社交，它们生活在等级分明、成员联系紧密的母系家族中。它们的叫声和其他鲸鱼的一样，可以被划分为特征明显的“方言”，不同家族（称为“声音部落”）各有其独特的发声模式。硕大的脑袋、复杂的社会生活、丰富的方言为“鲸目动物翻译计划”的开展提供了合理性基础。

抹香鲸的叫声听起来像是嗡嗡声、咔哒声、吱吱声和尖叫声。如果将人耳贴近船体，它们发出的咔哒声听起来更像是轻重不一的敲击声。生物学家认为，这些声音的功能类似老式电报机：抹香鲸能将特定频率、特定时长和特定模式的声波组合成复杂的代码。如果这一假设成立，那么，抹香鲸的通信形式就与摩斯密码相似，甚至更加复杂。（这一发现或将在密码学领域发挥作用，已经有研究人员提议将鲸鱼的发声模式改造成“仿生学摩斯密码”，用于加密通信。）

或许，信息论和语言学的基础理论就足以破解抹香鲸的通信之谜。人类语言研究已经发现了若干种语言学规律。例如，“齐普夫-曼德勃罗特定律”认为，少数单词的使用频率很高，大多数单词的使用频率相对较低。“齐普夫缩略定律”则认为，单词的使用频率越高，单词的长度越短。“门策拉-阿尔特曼定律”则指出，语言结构与其组成要素成反相关性，例如句子越长，音节越短。

大量证据表明，许多动物的发声也遵循这些语言学定律。人类与其他陆地脊椎动物的声交流在许多方面非常相似，例如发声器的结构和主要的发声调节方式。虽然这不意味着动物拥有语言能力，但它可以帮助人类更加有的放矢地寻找复杂的动物语言。例如，研究人员已经用香农熵（用于表示信息不确定性的衡量标准）来评估动物叫声的信息潜力。测试人类语言学定律对其他物种的适用性需要依靠浩大的数据集，然而直到最近，数据集的体量依然是限制动物语言学研究的主要因素。不过，数字生物声学和人工智能的兴起，让科学家们实现了对动物叫声的大型数据集的自动分析。计算机算法不仅可以识别独立的声音元素（单词、音节、叫声），也能识别更高级的句法和交流的层次结构。科学家们发现，其他动物也拥有曾被认为是人类独有的语言特征，例如，鲸歌和鸟鸣也存在句法，甚至灵长类动物和昆虫也能对声信号的结构进行分析。

多年来，科学家们一直在思考这样一个问题：鲸鱼的叫声能否算作语言？目前，人类在解析鲸鱼叫声方面取得的成果仍很有限，而导致这一瓶颈的部分原因是鲸鱼大部分时间都生活在水面下数百英尺的地方，人类很难记录它们的声音，也很难观察它们的行为。不过，科学家们已经通过日新月异的数字生物声学技术积累了大量数据集，并着手开发“鲸鱼词典”。科学家们还打造出了能够识别鲸鱼通信模式的人工智能算法。在先进的统计语言学工具的辅助下，这些算法可以将鲸鱼的通信模式与行为进行匹配，并分析其规则和结构（语法、语义、语音、形态）。研究人员还致力于“偷听”鲸鱼母亲和幼崽的“对话”，希望弄清鲸鱼学习语言的方法。另外，他们还开发出了能与抹香鲸幼崽共同学习“抹香鲸语”的算法。如果鲸鱼的叫声被破译的话，那么将来我们或许还能翻译它们的“语言”。我想大胆推测：人类终将了解隐藏在鲸歌中的历史。

“鲸目动物翻译计划”的目的不仅是促进人类对鲸鱼语言的理解，还在于推动环境保护的进步与创新。正如这一项目的官方网站介绍的那样，该项目旨在通过与其他物种进行有意义的对话、展现它们的惊人智慧，以推动环境保护工作取得更大进展。研究人员希望跨物种交流能够进一步激发人类对其他物种的保护欲。但跨物种交流真的有可能实现吗？

用动物的语言说话

“鲸目动物翻译计划”与人类在跨物种交流领域的早期尝试形成了鲜明对比。20 世纪中期，西方科学家的努力方向是训练动物学习人类的语言，其中最著名的几项研究的实验对象都是圈养的灵长类动物。这些动物中，最出名的是大猩猩可可和黑猩猩沃肖，它们和人类长期生活在一起，并且在饲养员的训练下学会了人类的手语。沃肖记住了 250 多个手语单词；可可不仅学会了超过 1 000 个手语单词，还能听懂 2 000 多个英语单词。不仅如此，沃肖还将学会的手语教给了另一只名叫卢利斯的黑猩猩，这是人类第一次观察到非人类动物将人类的语言教给另一只非人类动物。一只名叫坎茨的倭黑猩猩还会使用键盘符号进行交流，而这是他通过旁观母亲接受训练时学会的。

虽然科学家们对目前类人猿所拥有的全部能力莫衷一是（仍有科学家并不认可相关成果），但他们大都接受这一结论，即灵长类动物经过训练能够理解简单的人类对话、使用超过 100 种符号进行交流。可可、沃肖和坎茨不仅能理解并提出请求（“给我吃的”），还会用语言表达感情。在支持者看来，这些研究结果证明了灵长类动物虽然不能学说人类的语言，但它们能掌握手语，也能理解人类发出的复杂指令。

研究发现，非灵长类生物也能模仿人类的语言，“鹦鹉学舌”便是鸟类模仿人类的绝佳实例。具备言语模仿和鸣唱学习能力的物种还有很多。胡弗是一只由缅因州渔民养大的海豹，它能准确地还原几个英文短语的发音；一只名叫罗格西的白鲸能够“说出”自己的名字；柯西是一头在韩国出生、长大的大象，据说它的韩语发音“十分地道”，当地人能轻松听懂它“在说些什么”。

虽然动物的表现令人惊叹，但研究人员却遭到了道德层面的批评，因为他们剥夺了这些动物与同伴相处的机会。对这些项目最温和的批评是“研究者的偏见”，最严厉的抨击则是“残忍”“虐待”。反对这些实验的科学家认为，研究圈养动物对了解野生动物的鸣唱学习过程没有意义。不过，最为人诟病的还是暗藏在实验中的人类中心主义：为什么要将能否学会人类语言作为衡量其他物种沟通能力的标准呢？这就像用“是否能说‘海豚语’”来评价人类的智力水平一样可笑。

现在，科学家们研究跨物种交流的方法已经有了很大改变。我们的目标不再是让动物学会人类的语言，而是设计出能够用它们的通信方式进行跨物种交流的设备。30 年来一直致力于研究大西洋海豚的、“野生海豚项目”的创始人丹妮丝·赫青是野生海豚项目（该项目在30年间一直致力于研究大西洋海豚）的创始人，她为了监测海豚而改良的智能手机和平板电脑，便是其中一个例子，她通过特制的可穿戴式防水电脑和键盘与海豚交流的尝试已初见成效。赫青和她的团队还开发出了一款代号为“闲谈”（鲸目动物听觉遥测）的机器学习算法，能够识别人耳无法识别的、有意义的海豚叫声。例如，“闲谈”曾识别出一种特殊叫声，而那正是研究人员教会海豚用以指示马尾藻（一种在水中漂荡的藻类，有时被海豚当作玩具）的信号。赫青推测，海豚不仅学会了这个新的信号，而且还会相互传授。

戴安娜·赖斯也在尝试通过用数字技术和人工智能算法从海豚的叫声中提取有用信息。自20世纪80年代开始，赖斯就一直致力于海豚的鸣唱学习研究，希望破译它们特殊哨声的含义。赖斯还证明了海豚能认出镜中的自己，并因此登上了新闻头条（许多研究人员认为这是海豚自我意识的明证）。在一项突破性的研究中，赖斯开发出了一款海豚专用的水下键盘，在没有指导和说明的情况下，海豚很快使用键盘发出“想要玩球”和“想要抚摸身体”的要求。后来，赖斯根据海豚的生理特点对平板电脑等互动设备进行了改良。

21世纪10年代中期，赖斯与洛克菲勒大学的生物物理学家马塞洛·马尼亚斯科合作开发了装有海豚专用互动程序的水下触摸屏。他们共同启动了“海洋哺乳动物交流与认知”项目，希望利用上述设备解密海豚通信、弄清其认知过程。赖斯和马尼亚斯科对海豚的协同能力尤其感兴趣，即便面对从未接触过的任务，它们也能安静地（在人耳听来）以极高的一致性和同步性完成动作。海豚是否在用人耳无法听到的超声波来协调彼此的行动？为了弄清这个问题，计算机算法不仅要识别出海豚的叫声，还要准确判断出叫声来自哪个位置的哪个个体。目前，水下声学研究使用的被动声学监测系统还不能完成将特定叫声与游动频繁的海豚个体相匹配的任务。不过，最新的人工智能算法却可以实时识别叫声和发出叫声的个体。这一技术进步将帮助赖斯和马尼亚斯科判断海豚之间的“心灵感应”是否依靠声音。如果不是，那意味着海豚很可能正在使用其他一些尚未被发现的通信形式。

赖斯和赫青的研究成果表明，在过去的几十年里，针对非人类通信的研究正逐渐摆脱人类偏见。科学家们不再执着于寻找动物能够理解或使用人类语言的证据，而是接纳并努力理解动物的通信形式。然而，生理机能限制了人类的探索：我们很难听到海豚的叫声，更模仿不了它们的声音，但人工智能或许能弥补我们的“缺陷”。

谷歌翻译走进动物园

我们是否能用为人类语言开发的翻译算法解密非人类语言呢？谷歌翻译等翻译软件的工作原理是用人工智能算法对浩大的文本（例如联合国的多语种对照资料）数据集加以分析。如果训练数据集足够丰富、全面，算法就能构建出数字词典，这也是算法翻译单词（例如英语的 river ＝法语的 rivière ＝克里语的 sîpîy）、提炼语法和语用规则的方式。过去十年，翻译算法的运行速度大幅提升，它们能够处理的文本从单词变成了整句，覆盖的语种也不断增多：2016 年，谷歌翻译已经实现了 100 多种语言的互译。同年，谷歌翻译启用了新型机器学习算法——人工神经网络。虽然翻译算法的“水平”还不及人类译者，但它在处理主题单一、内容明晰的翻译任务时表现十分抢眼。

直到最近，科学家们才开始利用上述技术分析非人声，因为非人声的大型数据集一直十分稀缺。为了让算法识别出声音的潜在规律，科学家们必须先对数据进行标记，而这一过程会耗费大量的时间。以于 2011 年发布的“鲸鱼 FM”为例，它是当时世界上最大的“鲸歌”数据库。研究人员将超过4 000个鲸鱼叫声的数据集上传到了“动物世界”（全球最大的公众科学平台）上，并邀请志愿者参与数据标记工作。[②]最终，共有1万余名志愿者贡献了近20万个标记。如此规模浩大的研究实属罕见，即便可供分析的素材数量充足。科学家们面对的另一个挑战是数据集的匮乏，能够得到科学家们青睐，并拥有囊括多种叫声的大型专属数据集的物种少之又少。对濒危物种来说，采集录音本身就是一项挑战，因为幸存的个体数量实在太少了。

最近，人工智能的两项突破让研究人员看到了克服挑战的曙光。过去，翻译算法必须依赖庞大的训练数据集，数据集的内容大约是人工翻译的多语（至少3种语言）对照文本，但这种方法不适用于没有文字的语言（例如许多美洲土著部落的语言）。对于这类语言，研究人员必须人工汇编并标记数据集，这是一项十分艰苦且耗时的工作。不过，科学家在

② 人工标记数据的过程是：首先，志愿者会看到一张放大的声谱图，他们可以点击图片并听到与之对应的声音。接着，志愿者会听到随机出自数据库的声音，如果声音与最初听到的一致，那么他们就应当点击屏幕，将识别结果标记为“匹配”。参与这一重复性过程的志愿者越多，识别的可信度就越高。——作者注

最近5年开发出的新型人工智能算法，只需很小的训练数据集就能实现两种语言的互译。[3] 换言之，最新一代的人工智能算法已经能够学习科学家们所说的“低资源语言”[4]。[5]

2013年，科学家们又开发出了不依靠双语词典，甚至不需要翻译实例（针对所谓的“零资源语言”）的新型算法。过去几年，这些算法变得愈加强大，它们不仅实现了异质化程度很高的语言（如英文和中文）的互译，翻译结果也比传统基于词典的版本更加准确。这些算法还能深入分析语言细节，比如语境意义、一词多义和比喻，甚至识别出训练数据集中并未体现的模式，已经被许多大型科技公司使用。

---

③ 科学家们正在使用回译和人造训练数据等最新技术。不过，这些技术并不完美，人工智能算法仍存在局限（如直译过多、不熟悉口语表达、无法区分方言）。——作者注

④ “低资源语言”既包括濒危语言，也包括特定专业领域内的英语等通用语言。——译者注

⑤ 过去十年，一项新的机器学习技术——深度学习（也称人工神经网络）被大量用于机器翻译和阅读理解等自然语言处理任务中，且取得了良好效果。神经网络能将词语和序列转换为向量（实数的定向序列）。神经网络的创新在于不使用传统的语言学结构和规则分析向量，而是通过数学运算进行分析。换言之，神经网络的语言习得不受既有的语言规则和结构影响。——作者注

2018年，麻省理工学院的计算机科学家詹姆斯·格拉斯提议，用音频数据将这些技术的应用范围从文本拓展至语音。仅仅依靠数百小时的录音，他和团队开发的计算机算法就成功将德语音频转换成了法语文本。格拉斯预测，这一突破将为开发低资源或零资源语言的自动语音识别和语音—文本转换系统奠定基础。

技术进步让科学家们看到了破译非人类通信的可能：我们没有“抹香鲸语”词典，但我们有编制这部词典所需的“原材料”。生物声学技术可以为训练数据集搜集原始数据，人工智能算法能够识别这些数据中的模式，即（理论上）有意义的声音。[⑥]但在实践中，算法的识别过程大都需要一定程度的人工翻译参与其中。如果机器学习算法在声学数据中发现了特别的信号——比如声景中的某一串声音，往往先需要科学家对信号进行解读，然后再与动物行为建立联系。面对高度濒危的物种（声学数据集一般很小），翻译算法很可能因

⑥ 非人类语言词典的另一个组成要素是固定音标。2021年，计算语言学家罗伯特·埃克隆提议为非人类语言订立一套国际音标——aminIPA［即“动物”（animal）和“国际音标”（IPA）］——将非人类语言的标准发音（如发出咕噜声或吼叫声时应该吸气或呼气）整理成标准化的语音符号，并最终转换成统一码。——作者注

为训练数据集的缺乏表现得“无能为力”。这时，科学家们可能需要手动为数据库的关键点添加注释（而非手动标记整个训练数据集）。虽然前面有重重阻碍，但技术前进的脚步从未停止。算法将创造出一系列声学罗塞塔石碑[7]：无须文字或词典，仅凭录音就能解析语言的设备。

人工智能算法的第二项技术突破是实现了对动物姿势和动作的解读。例如，谷歌的人工智能实验室在2019年发布了一款能够追踪手部和手指姿势的开源算法——“媒介管道”，通过让算法学习配有手语翻译的政府演讲视频，科学家们开发出了能够实时翻译手语的翻译引擎，而手势又能被进一步翻译成其他动作、文字和语言，触及更多观众、读者和听众。从前被忽视的诸如眼神、姿势、面部表情和手势这样的交流形式，或许都将成为算法的分析对象。这些科技公司制定了一个雄心勃勃的目标：让人工智能系统看懂、听懂、读懂、会说、会用包括手语在内的世界上所有的人类语言。未来，人工智能算法或许会像婴儿那样学习非人类语言：通过听声

---

⑦ 罗塞塔石碑诞生于公元前196年，上面刻有三语（古埃及象形文、埃及草书、古希腊文）对照的国王托勒密五世的登基诏书。近代考古学家通过对比研究石碑上的内容，破译了失传千余年的古埃及象形文字的意义和结构。——译者注

音、看手势，从而自行总结发声和行为规律，而非在已保存的数据中寻找现成的答案。

不过，这些基于手势和动作的人工智能翻译系统是否适用于非人类生物呢？最近，平行研究取得了一定进展：人工智能已经能够识别动物通过动作表达的情绪。越来越多的证据表明，许多物种都有情绪波动，而科学家们正在利用计算机视觉技术和机器学习来解读这些情绪。

例如，研究人员在一项实验中用无监督学习算法对老鼠的情绪进行了分类，比如厌恶、主动恐惧、被动恐惧、快乐和好奇。这一算法能以毫秒为单位记录并区分老鼠面部的细微变化，例如耳朵收缩、鼻子抽动、胡须拂动等，以让研究人员能够看清每个表情的强烈程度和持续时长。在这项研究的基础上，科学家们或将开发出能将老鼠的姿势和叫声与它们的情绪和行为关联起来的人工智能系统，让人类更加接近人鼠交流的目标。支持者认为，确定声音和行为的联系将有助于解决跨物种交流的一大难题。现在，人工智能算法不仅能分析老鼠的次声波叫声，还能确定发声个体，匹配特定叫声和行为。如果将这一算法与能够捕捉老鼠面部表情的算法结合起来，我们或许就能拥有非常强大的翻译工具。过去两年，科学家们已经开发出了多款针对老鼠的复合型人工智能算法，比如“靴子快照”“老鼠吱吱”“声毯”。

针对其他物种的类似算法也已出现。2021年，法国自然历史博物馆的研究人员发布了一款专门分析蝙蝠叫声的开源算法。这一算法包含一百万种蝙蝠的叫声，识别准确率高达98%，可供全世界的蝙蝠研究者自由使用。过去10年，基于生物声学技术的深度学习算法在鸟类识别领域取得了重大突破，最新一代算法的识别准确率可达97%，其中一款名叫“鸟巢”的算法能识别近1 000种不同鸟类。

人工智能威力巨大，但是，我们应当避免夸大人工智能算法的能力。机器学习虽然发展迅速，但依然存在缺陷。算法可能会忽略细微、短促和被部分掩盖的声音，它们对背景噪声的处理也并非完美。[8]因此，利用人工智能算法来进行物种的识别常常无法兼顾正确率和效率。目前，生物声学监测仍采用半自动方式进行——专家需要复核算法的处理结果，明确模棱两可的答案，适时运用经验法则。不过，最新一代人工智能算法（卷积神经网络）的性能有了大幅提升，这让科学家们看到了彻底解决上述问题的希望。

---

⑧ 这个问题可以通过在训练数据中加入背景噪声以模拟不同声学环境的方式解决。——作者注

人工智能算法实现了生物声学家长久以来的梦想。研究人员一直希望开发一款“非人类生物音乐雷达”：“音乐神搜”（Shazam）是一款智能手机应用程序，可以听声识曲，它可以通过对咕噜声、唧唧声或吱吱声这样极短的声音样本进行识别，分析出是哪种动物在发声。“鸟精灵”和“鸟巢”等手机应用程序更加智能，它们可以根据声学样本自动识别物种。针对其他动物的类似算法也已存在，其中一些甚至可以确定发声个体。虽然不同物种的语言并不相同，但处理这些语言的技术具有相似性。

技术进步的另一个体现是计算机算法可以轻易完成，例如“鲸鱼FM”这样的曾经需要数万名志愿者共同参与的项目。人工标记结束后，研究人员用一款名为“Wndchrm”的算法对数据进行了二次分析，把志愿者们的工作重复一次。[9]结果显示，算法的表现优于人类。它不仅能区分虎鲸和领航鲸的叫声，还能轻松地将这些叫声与特定群落（比如冰岛的虎鲸和挪威的虎鲸，巴哈马的领航鲸和挪威的领航鲸）匹配起来。

---

⑨ 人类已经用“Wndchrm”算法分析过天文学数据集（收获了有关星系转动的新发现）、流行歌曲（发现20世纪50年代之后歌曲的旋律变得愈发忧伤、愤怒），甚至视觉艺术；“Wndchrm”算法还能区分印象主义、表现主义和超现实主义（识别准确率超过90%）。——作者注

最新一代的机器学习算法（例如“鲸语”和“蝙蝠侦探”）已经可以快速识别特定叫声属于哪一个鲸鱼或蝙蝠个体，就像人脸识别系统一样。人工智能算法不仅已经在围棋和象棋赛场上战胜了人类，而且它们识别鲸鱼和蝙蝠叫声的速度与精确度也超越了人类。

现在，开发一款适用于所有生物（至少是所有能够发声的生物）的声音识别系统已经不再是梦想。跨物种互联网已经部分成了现实。动物版谷歌翻译很有可能在10~20年内正式问世，不仅如此，语言预测算法（如GPT-3）也可能出现针对蝙蝠和海豚等发声活跃型动物的特别版本。届时，研究人员将能通过计算机对野生动物进行实时交互式回放实验。

这无疑将是一项了不起的成就。但同时科学家们指出：识别声音信号不等于破译声音信号的含义。鉴于人类和其他动物在身体构造、生活环境上存在巨大差异，我们和它们的语言或许根本没有共通的概念。人类很难真正理解动物的感受，因为我们的“环境”（这一术语最早由生物哲学家雅各布·冯·于克斯屈尔提出，指有机体的世界观）并不相同。我们和灵长类动物、家养宠物或许有类似的想法，但我们和鲸鱼有可能相互理解吗？

此外，翻译技术也是不容忽视的难题。采集于自然环境中的录音往往包含许多不同物种的声音，为了帮助算法区分这些声音，例如大象和老虎的叫声，研究人员往往需要手动标记数据集。而无监督学习算法的目标正是同时区分来自众多声源（也包括不同物种）的细微声响。虽然这一目标并非无法实现，但科学家们必须开发出适用于大量物种和生态环境的校准算法，而这绝不是一项简单的任务。

动物—计算机交互

在研究跨物种翻译时，我们还应关注动物—计算机交互领域。英国开放大学的计算机科学家克拉拉·曼奇尼在2011年发表的一份声明中阐述了动物—计算机交互的基本原则。曼奇尼表示，随着计算机的普及程度越来越高，越来越多的人，甚至其他物种，都具备使用交互式电子设备的能力，能以人类意想不到的方式“使用”这些设备，尤其是科学家们已经研发出了与非人类生物高度发达的感官（比如极敏锐的触觉和回声定位）相适应的设备。

动物—计算机交互的基本原则一经确立，针对非人类物种的新型电子设备随之大量涌现。研究人员为猎犬和服务犬设计了振动触觉牵引绳，这种牵引绳能监测狗和主人的姿势与生理指标（如心率），并将这些信息转换成双向信号，让主人更好地与爱犬沟通。大象训练员能用类似的设备将触觉信号通过象鼻“告知”大象。动物—计算机交互系统的设计师甚至为家禽设计了可穿戴设备，其中一些还能与虚拟现实或混合现实系统相连。（例如，家禽：欢迎来到元宇宙。）

动物—计算机交互系统的研发人员认为，趣味性是影响跨物种交流持续时长的关键因素。为了验证这个想法，曼奇尼和其他研究人员为猩猩、猪、猫和蟋蟀开发了多款视频游戏。“追猪”就是一款需要人猪配合的游戏。人类玩家通过掌上电脑控制猪舍里的大型触摸屏上的光圈，如果猪能随光圈移动，并抵达指定位置（有几何形状的标记），即为挑战成功。曼奇尼还为圈养大象设计了一款可以“点播”预先录制的声音（例如鲸鱼的歌声和大象的叫声）的“点唱机”，为大象的圈养生活增添一分乐趣。部分发明的实用价值非常突出，例如为工作犬设计的触摸屏，以及为动物园和农场中的动物设计的“想象游戏”，这些发明的目的是提升这些动物的幸福感。还有一些研究人员正在使用类似的技术训练猿、灰鹦鹉和猪学习符号。科学家们已经通过触摸屏、交互式键盘、监视器、声信号等多种技术手段证明了动物具备使用符号交流、识别数字、理解概念和自主学习的能力。

上述实验的研究对象大都是动物园中的圈养动物或家养宠物。为了拓展实验范围，研究人员将人工智能算法植入仿生机器人体内，以便它们通过声音、姿势和物理信号与野生动物进行交流。上一章中提到的兰德格拉夫的蜜蜂机器人最终得到了蜂群的接纳，并用振动声学信号成功影响了蜜蜂的行为。科学家们还让类似的设备成功“潜入”了鱼群，并用简单的指令（“向左游”）影响了鱼群的游动方向。他们还开发出了能对植物“发号施令”的设备（“让你的根朝这个方向长”）。仿生机器人已经和多个物种有过交流，包括蟑螂、鸭子、老鼠、蝗虫、蛾子、小鸡、斑马鱼和七鳃鳗。

许多研究小组都在推进类似的项目，比如，人类、其他动物和机器人的种内及种间声音交互（VIHAR）项目。VIHAR 项目于 2016 年启动，旨在汇集工程师、机器人专家、生物学家和语言学家的力量，进而探索人类、其他动物、机器人的语言和信号系统间存在的联系。一些机器人专家设想，仿生机器人将会自由穿行于不同的生态系统中，充当人类和其他动物的翻译。神经科学家、计算机科学家和机器人专家正在合作开发能够自主学习动物信号的人工智能机器人。这些科学家的长期目标是开发一款无须人工干预就能直接向动物学习语言的系统，在这个系统中，机器人可以提供必要的数据和反馈。虽然这种“进化式机器人”的开发仍处在起步阶段，但以这些技术创新为基础的商业模式已经出现。针对某些动物（包括鸟类、蝙蝠、草原犬鼠、狨）的语音识别软件，以及针对家养宠物和牲畜叫声的可穿戴式翻译设备已经变为了现实。

研发人员认为，具备翻译功能的生物机器人将帮助人类更好地欣赏并理解非人类生物的真实生活。从某种意义上说，这些机器人为存在已久的动物行为学（野外环境下的动物行为研究）进行了一次“系统升级”。在“21 世纪版本”的动物行为学中，观察和研究的主体从人类变成了机器人和计算机。超越了肉体局限的计算机或许会比人类更能理解其他生物的生活体验，即它们的“环境”。也许，“水”对鱼来说根本没有意义（或至少与人类认知中的“水”意义不同）。人类文化中也有不同概念，而这些差异并不足以成为阻断交流的鸿沟。翻译不同概念和感官体验的过程也是创造意义的过程——跨物种翻译可以实现，但过程会更加复杂、精细。在计算机行为学家看来，这些困难反而是取得突破的契机。如果我们能从鲸鱼的视角理解海洋，哪怕只是部分理解，那会是多么不同的感悟啊。

生物混合机器人代表着一种数字乌托邦式的愿望，而这一愿望下潜藏着一系列伦理难题：人类是否会像跨物种互联网项目的创始人希望的那样，用这些机器人促进物种间的相互理解？抑或会用它们进一步驯化其他生物，让它们服从我们的意志？这些疑问绝不突兀，因为前文提到的许多设备都是为肉类生产厂开发的。这些设备能帮助人类驯服过去因激烈反抗而未被驯化的动物，以便我们进一步剥削自然。跨物种翻译仿生机器人是否会沦为人类驱使动物、满足自身利益的帮凶呢？

声出同源

当数字技术使跨物种交流成为现实，人类在探索“新世界”时应当遵守哪些道德准则呢？或许，土著居民的传统能为我们提供借鉴。应当注意的是，土著学者和一般居民对待环境数据的态度与主流科学界截然不同。土著居民（全球约3.7亿~5亿人）拥有全世界1/4的陆地的所有权或管理权，其中近40%的面积是陆地保护区和生态完整地区。许多土著社区都掌握环保知识和数字技术，能够使用地理信息系统绘制地图、运用数字技术开展跟踪和全球观测。然而，我们很少在围绕数字技术和环境保护的研讨中听到土著居民的声音，也很少在生物声学和生态声学领域看到土著代表的身影。有时，土著居民甚至会因为环境保护而失去家园（例如，一些地区会以修建国家公园为由驱逐居住在规划区域内的土著居民，让他们成为“环保难民”）或丧失对居住地管理和使用的话语权。生物声学和生态声学（既指研究领域，也指参与其中的群体）可能会重复犯下排他的错误，而这也是一种环境殖民主义。作为回应，土著学者和活动家反复强调土著居民的数据权益必须得到保护。这也是《联合国土著人民权利宣言》中写明的条款，它要求研究人员必须尊重土著居民的数据主权，遵守在土著地区采集数据的相关规定。

“土著数据主权”的概念颠覆了一个普遍存在的观点：与人类无关的数据不属于任何人。目前，大多数生物声学数据的采集并未遵守一般的法律规定，如适用于人类信息的隐私保护条款。目前，公司和个人都能随意使用不含人类信息的数据集，为人类开发的实验算法都要经过动物实验，而这些实验大都缺乏监管。未来，在土著主权原则的约束下，生物声学数据采集或将以承认土著居民的数据所有权，甚至承认非人类生物的主体（法人）地位为前提，且必须全程遵守保护数据，或适时中止数据采集的规定。在“FAIR”（可查找、可访问、可互操作和可用）原则的基础上，涉及土著地区的研究或许还将启用“OCAP”（所有权、控制权、访问权、占有权）原则和“CARE”（集体利益、控制权、责任、道德）原则，全程监督数字声学信息的采集、存储和分享。

土著文化认为，每个人都应当有自己的归属地。莫霍克/阿尼什纳比学者瓦妮莎·瓦茨将这一概念称为“地方思想”：我们的文字、概念和想法都来源并根植于某一片土地。从这一观点出发，我们和非人类生物的交流必须以与它们所属的自然空间、生物群落建立联系为前提。想要理解动物，就必须理解它们的环境，包括它们在栖息地经历并内化的一切体验。数字监听手段无法帮助人类理解动物的环境，但深度聆听可以。即便高性能的数字翻译设备已经存在，我们也依然要用足够的时间亲耳聆听，否则就无法真正理解它们。虽然数字监听技术已经非常强大，但数字数据永远无法取代现场聆听。

许多土著学者认为非人类知觉是人与自然关系的基石。他们认为动物、植物、山脉都是“非人的人”。它们“同宗同源”，同属于一个家庭。拉科塔/达科塔（苏族）[10]学者维恩·德洛里亚指出，这种“印第安人的形而上学”认为所

[10] 苏族是印第安人的一大族。——译者注。

有物质都有精神和意识，包括岩石、山脉、鹰、鹿、熊。金·塔尔贝尔表示，这种“跨物种思维”体现了“世间万物（无论是生物还是非生物）在持续交流”的世界观。从这个角度出发，我们应该做的不是“偷听”非人类事物的对话，而是与它们交流，探讨如何更好地共享家园。瓦妮莎·瓦茨写道，阿尼什纳比老人相信这些“原始而有力量的”对话存在于以同一片土地为家的万事万物之间。这一同源哲学或许能提醒数字翻译设备的设计者在翻译自然之声时多一分谨慎，将声音看作重要的资产而非随意取用的资源。正如植物生态学家罗宾·沃尔·基默尔所写：

> 在波塔瓦托米传说中，植物和动物，也包括人类，曾经说着同一种语言……但现在，人类已经失去了这种能力。我们和其他事物不再语言互通，因此，科学家们只能尽力拼凑出完整的意义。我们无法直接询问（非人类事物）它们需要什么，所以只能用实验发问，再在结果中寻找答案。

作为波塔瓦托米部落的一员，基默尔指出，翻译的一大难题源于语法规则的差异，例如解释概念时，土著语言常用动词，而英语多用名词。以英语名词“山丘”为例，与其对应的土著语单词是动词性质的“成为山丘”。土著居民认为山丘的存在和变化都是持续不断的过程。英语中的无生命物，比如植物和岩石，在许多土著语言中都拥有生命。基默尔指出：“英语的傲慢在于认为只有人类拥有生命，也只有人类值得被尊重、享受道德关怀。”土著语言则赋予了非生命体生命，认为它们也是主体。基默尔认为，这种“生命度语法”有助于强化人类对非人类生命的尊重。

非人类语言是否也有类似的生命度呢？如果有，那么人类在开始跨物种交流以前必须学习使用全新的、完全不同于人类语言的语法和词汇的工具来理解这个世界。或许，“抹香鲸语”的名词和动词一样，会像它们的居住地一样不停变换，又或许，鲸鱼的语言和人类的语言有完全不同的感官参照物。它们可能会用与听觉，而非与视觉相关的比喻形容水、时间和深度。鲸鱼还可能拥有属于不同时间和地点的语言：一种属于冰冷的北极，另一种属于温暖的出生地。在这些语言中，意义的传递可能依靠声音与信息素、生物化学物质和身体姿势的综合运用，这也意味着我们无法仅靠声学数据破译其中的含义。基默尔的“生命度语法”告诉我们，其他物种的语言很可能与人类的完全不同。

基默尔指出，传统知识认为交流与关系并存，且具有彼此尊重和互惠互利的天然属性。非人类生物是人类的亲人，是我们的兄弟姐妹、叔叔阿姨、祖父祖母，是有知觉、有意识的生物。或许，这种认识能为跨物种翻译的伦理构建提供参考。在我们学习其他生物的语言时，我们应当把它们看作老师，而非研究对象。

迷失于翻译之中

2012年，多名来自世界各地的著名科学家联合发表了《剑桥意识宣言》，其中一些科学家实际参与了跨物种互联网的构建工作。史蒂芬·霍金出席了发布会，《60分钟》节目对活动进行了报道，认知神经科学家、神经药理学家、神经生理学家、神经解剖学家和计算神经科学家齐聚一堂。发布会在场人员共同宣布：意识并非人类独有。宣言明确指出，许多非人类生物都有与意识相关的神经基质。戴安娜·赖斯是宣言的签名人之一，她与其他动物研究人员一起公布了一项研究发现：鲸目动物不仅有发达的大脑，还拥有意识、语言、文化和复杂的认知。

不过，并非所有科学家都认同宣言的观点，甚至有人表示强烈反对。生物学家安吉拉·达索指出，研究生物声学的科学家大都不会主动提及“意识”，更不会讨论“语言”，因为“语言”意味着概念性知识的迁移。生物声学家会谨慎地将“交流”的定义限制在较窄的范围内，以获取其他生物的行为反应为目的的信息传递。因此，生物声学领域的主流做法是将其他物种的通信看作发送信号—获得反应的过程，避开棘手的意识和语言问题。可是，如果只把“通信”定义为声学信号的输入和具体行为的输出，我们是否扼杀了了解动物真实潜能的可能性？刻意回避非人类意识的话题是否等同于强调人类的优越性？跨物种互联网项目的创始人认为，生物声学研究必须直面这些问题。

围绕动物语言和动物意识的辩论将一直持续。虽然生物声学研究证实了复杂而精妙的非人类通信的存在，但大多数生物声学研究人员仍然不愿参与哲学问题的讨论，他们选择继续研究“发声”，而非“语言”。他们的兴趣源自经验，提出的问题也非常实际：发声和动物行为有什么联系？环境噪声污染对非人类物种有什么影响？在生物多样性不断流失的当下，我们应该如何利用这些知识更好地把握情况、保护动物？

一些生物声学研究人员认为，对跨物种交流和非人类意识的好奇可能会分散研究精力。他们的担心基于两点：学习非人类语言、破译自然之声的含义或许根本就是不可能完成的任务。人工智能算法或许能破译抹香鲸的语言，但未必能确定每个单词的意义（或许它们的语言根本没有人类认为的“单词”）。此外，即便跨物种翻译成为现实，人与自然的关系也未必会迎来跨物种互联网创始人所期待的转变。

反对者进一步提出，与其研究跨物种交流，人类更应该关注快速流失的生物多样性：我们可能还没弄清人类究竟能否与其他物种交流，许多物种就已经从地球上消失了。一些研究人员提出，生物声学技术应当成为人类保护环境的有力工具。在下一章中，你将看到生物声学设备正在濒危物种保护领域大显身手。生物声学技术或许会是阻止物种灭绝这一现象继续蔓延的制胜法宝。

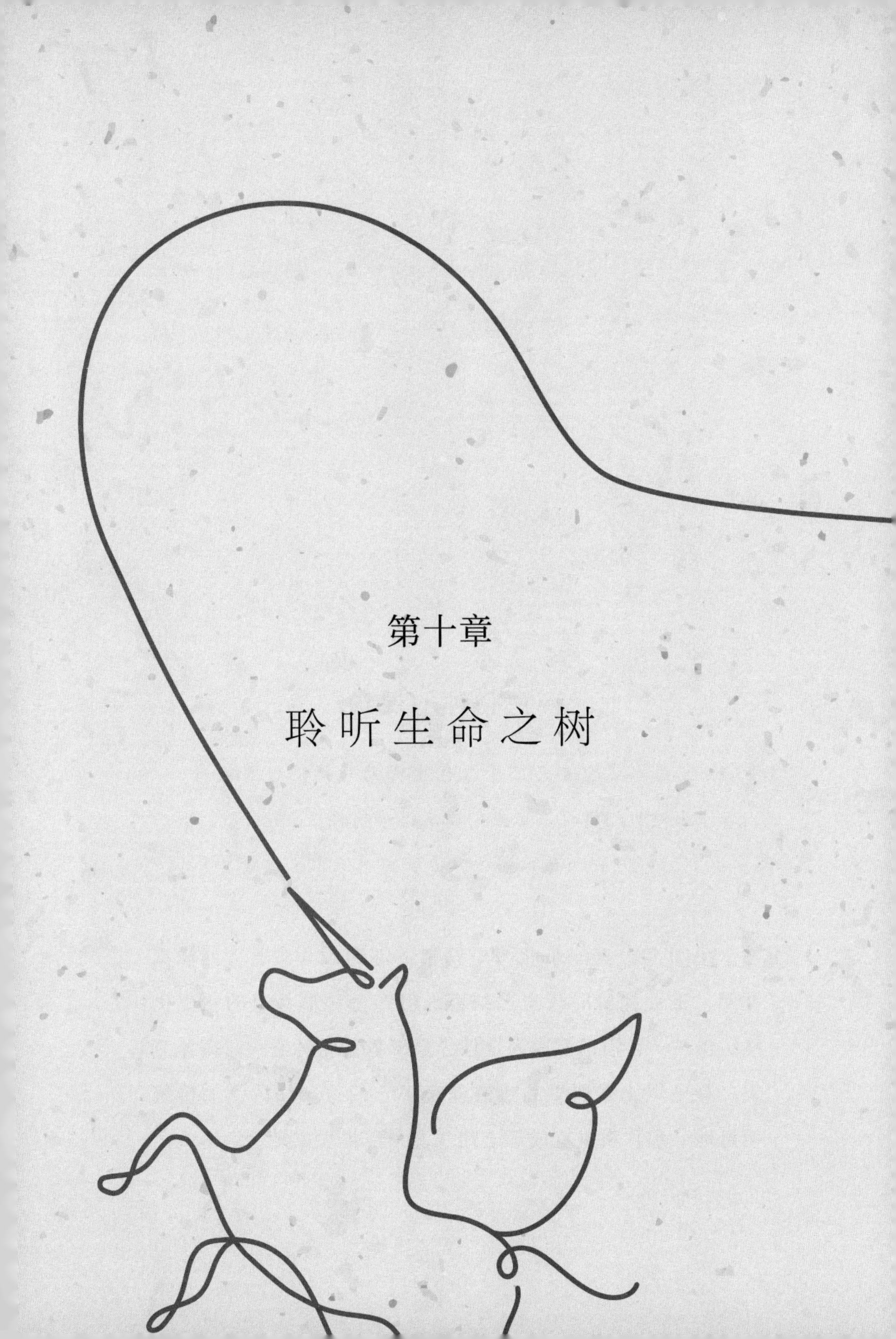

第十章

聆 听 生 命 之 树

濒危物种的保护

愿人类重启与万千绿色生灵的对话；它们从未停止对我们诉说，但我们却忘了如何倾听。

——《编结茅香》（罗宾·沃尔·基默尔）

2010年，美国东北海岸只剩下不到400头北大西洋露脊鲸。工业捕鲸时代虽已结束，但鲸鱼种群数量的恢复仍然缓慢——它们已然成为全世界最濒危的物种之一。同年夏天，有史以来最严重的热浪侵袭了它们位于缅因湾的传统栖息地，那片海域变成了全球气温上涨最快的地区。不久，鲸鱼从缅因湾彻底消失了，没人知道它们去了哪里。科学家们推测，它们全都沦为了四处觅食、居无定所的“气候难民”。

露脊鲸是世界上体形最大的哺乳动物之一，而它们的捕食对象桡足类动物则是海洋里体形最小的生物。这些偏爱有冷水上涌、营养物质丰富的水域的浮游动物是地球上生物量最大的动物，也是众多海洋食物链的基础。热浪席卷缅因湾，冷水不断北撤，导致桡足类动物的数量急剧下降，因此，鲸鱼也跟着消失了。

几个月后，人们在位于缅因湾以北数百英里的圣劳伦斯湾发现了鲸鱼的身影，那是宽广的圣劳伦斯河将五大湖（拥有世界地表约 1/5 的淡水总量）的水送入大西洋的地方，也是世界上海洋生物最为丰富的地区之一。鲸鱼并不是北迁的唯一群体，同年，鲑鱼游到了包括马更些河在内的极寒水域，大西洋金枪鱼则出现在了距离它们的日常活动范围足有数千英里的格陵兰岛（丹）附近，急切地寻找着新的家园。鲸鱼非常聪明，它们发现了希迪亚克河谷，那里食物充足、物种丰富，是众多海洋生物的避难所和栖息地。不过，圣劳伦斯湾也是全世界最繁忙的航区之一——为了享用美食，鲸鱼必须穿越“12 车道的海洋高速公路”。

当越来越多的鲸鱼在圣劳伦斯湾聚集，船鲸相撞的事故也愈发频繁。鲸鱼尸体被冲上海岸，尸体上被螺旋桨划开的伤口和被大力撞击后的凹痕令人触目惊心。因为被渔具困住而丧命的鲸鱼的数量创下了历史新高。2017 年，加拿大境内有超过 12 头鲸鱼死于渔具缠绕或船只撞击，此后两年，又有 8 头鲸鱼因为同样的原因失去了生命。[①] 实际上，更多未被发现的鲸鱼尸体可能沉入了海底，而这对个体数量本就稀少的物种来说无疑是一个坏消息。

对此，政府官员有些束手无策，他们不知该如何确定鲸鱼的位置，因为空中观测记录有时一年都不会更新。传统的鲸鱼保护手段，例如禁渔、划定重点保护区、改变航运路线等，都是以鲸鱼会在每年的同一时间回到同一地点觅食为前提的，但如今快速变化的海洋环境已经彻底打乱了鲸鱼的行动规律。科学家们呼吁全面推行航运管制：限制速度、禁止捕鱼，直到弄清鲸鱼新的迁徙规律，但渔民和航运公司表示反对。这一次，政府选择了经济的发展，由于科学证据尚不充分，渔业和航运公司都获准照常经营。一年又一年，鲸鱼

① 2017 年，北美地区因航运和渔业死亡的露脊鲸总数约占其种群数量的 4%。——作者注

的数量不断减少。到2019年，已经有超过50头鲸鱼（种群数量的1/10）因为船只撞击或渔线缠绕丧命，留给鲸鱼的时间已经不多了。[2]

要改变现状，科学家们必须解决两个难题：掌握鲸鱼的位置，并迅速通知船只调整航向。生物声学技术的发展让科学家们看到了希望。过去，渔业管理部门一直采用空中观测的方法追踪鲸鱼，但这种方法不仅昂贵、低效，还受天气条件的制约。许多当地科学家，比如新不伦瑞克大学的生物学家金伯利·戴维斯，早已知晓被动生物声学监测能持续监控鲸鱼的动向，而且精度更高、成本更低。过去10年，戴维斯等海洋生物学家一直在研发和改良用于追踪鲸鱼的被动声学监测系统，现在，这些系统已经能够精准确定鲸鱼的位置，不仅如此，系统收集的数据再次证实鲸鱼停留在高纬度地区的时间越来越长。

戴维斯发明了一种水下生物声学装置：装有水听器的自动声学水下滑翔机（类似在水下而非空中工作的无人机）。戴维斯表示，这些滑翔机可以适应任何天气，一周7天、一

---

② 北大西洋露脊鲸的具体死亡数量数据请见美国国家海洋和大气局官方网站。——作者注

天24小时持续跟踪鲸鱼的动向。戴维斯于2019年公布了鲸鱼的位置信息，并再次敲响了保护鲸鱼的警钟。水下滑翔机传回的数据显示，鲸鱼的实际活动范围远比人类想象的更大。戴维斯建议政府管理部门，如果不立刻在更大范围内采取航运和捕鱼的限制措施，鲸鱼的死亡数量将进一步增加。在意见遭拒后，戴维斯提出了一套以生物声学技术为基础的解决方案：水下滑翔机一旦发现露脊鲸，就会将鲸鱼的位置信息发送给政府管理部门、渔民和船长；此时，定点位置附近［约1 000平方英里（合2 590平方千米）］的捕鱼活动，包括捕捞龙虾和螃蟹，应当暂停15天。如果鲸鱼第二次出现在相近地点，那么，附近区域的禁渔时间应延长至整个鱼汛期结束。此外，在特定区域内，所有船只都要遵守限速规定（不得超过18.5千米/小时），因为船只航速越慢，撞击的致命性就越低。限速区域的划定会根据鲸鱼的目击报告和水温等海洋条件的变化动态调整，因为后者会影响鲸鱼的聚集情况。在“鲸鱼撞击危险区”超速行驶的船只要缴纳最高25万美元的罚款。监测系统不仅会将鲸鱼的位置和速度限制等信息标注在开源地图上，还会通过广播向区域内的所有船只通报，这就避免了一些违法者以不知情为由逃避打击的情形。

经过漫长的谈判，加拿大政府终于同意将生物声学监测系统纳入圣劳伦斯湾的治理框架。[3]戴维斯的水下滑翔机在首次执行任务时便大显身手：它们在进入动态海洋保护区的几小时内就发现了鲸鱼，并向船只发送了减速信号。在2020年和2021年，圣劳伦斯湾没有再出现露脊鲸因被船只撞击而死亡的事件。

北大西洋露脊鲸的故事预示着人类或许能借助生物声学的力量保护更多的濒危物种。通过几架水下无人机和在一个小小实验室里运行的人工智能算法，400头鲸鱼正影响着拥有4 500万居民的水域和在此航行的数万艘航船。换言之，数字生物声学技术不仅能让人类听到鲸鱼的对话，还能帮助我们更好地保护它们，让它们拥有更广阔的生存空间并避免人类的伤害。

现在，世界各地都在搭建类似的陆上系统和水下系统。下一步，科学家们计划将发展成熟的机器学习算法“移植”到野外传感器上。如果每个传感器都能独立、实时地分析数据，那么，动物保护将拥有更多的可能性。例如，人工智能驱动

③ 加拿大政府规定所有渔民只能在定置渔具上使用拉力较小的绳索，以保证被困的鲸鱼能够自行挣脱。通过设立“幽灵渔具”项目，加拿大政府正努力回收散落在海洋当中，可能对鲸鱼造成威胁的渔网、绳索、渔线等。——作者注

的声学传感器可以识别国家公园内的枪声，并向反偷猎巡逻队发送警报。依据实时传回的声学数据划定而设立动态保护区的做法也将在未来的环境保护中发挥更大作用。

为了实现野外传感器的计算和数据存储功能（研究人员有时将其称为“边缘计算”），科学家们必须解决两个问题：供电和信号传输，尤其是在手机信号无法覆盖的偏远地区。专家认为，这些问题将在未来10年内得到解决，例如通过降低传感器能耗、换用非电池电源等方式解决供电问题，利用辐射全球的卫星互联网解决通信问题。一些研究人员预测，这种“无须电池的声音互联网”将在10年内正式落地。如果预言成真，人类将通过声学实现对世界上任一地区的濒危物种的实时保护，不论是最繁忙的都市还是最隐秘的角落。

领航之鲸

生物声学保护系统发挥作用的前提是人类必须正视自己以前的短视行为，并且愿意为此而做出相应改变。为了一只正在横穿马路的驼鹿放慢车速是一回事，因为电脑提示有鲸鱼出没而改变货船的航线则是另一回事。基于生物声学技术的保护方法要求人类相信，我们为拯救濒危物种而做出的让步是值得的。

目前，研究人员正在加州海岸推进一项或将创造历史的生物声学保护计划，希望以此为起点逐步改变全球航运业。许多人都在密切关注这一计划的进展，如果一贯奉行适时制的航运业接受这一计划，那么类似计划或许会在其他行业铺开。加州的困境暴露出了全球鲸鱼保护工作共同面对的难题：贸易全球化促使航运量快速增长，大型船只的平均航速不断提高，船鲸相撞事故在航运活跃地区屡见不鲜。圣巴巴拉海峡位于洛杉矶以北，是世界上最繁忙的航运区之一。巨轮来来往往，仿佛一幢幢移动的摩天大楼。那里是濒危的长须鲸、座头鲸和蓝鲸的觅食地，更是它们迁徙的必经之路。蓝鲸是世界上体形最大的动物，因此也更容易遭到船只撞击。船上的货物“高耸入云”，船员看不清水面，更无法及时躲避鲸鱼。10年前，美国联邦政府在圣巴巴拉海峡划定了“自愿减速区”。实践证明，这个方法能有效减少船鲸相撞事故，尽管只有不到一半的船只放慢了速度。2018—2019年，在南加州因船只撞击而死亡的鲸鱼的数量创下了历史新高。真实情况很可能比统计数据显示的更加糟糕，因为大部分鲸鱼尸体不会漂向海岸，而是会沉入海底。

为了解决这个问题，加州大学圣克鲁兹分校的海洋科学家摩根·维萨利带领团队开发出了一套全新的生物声学鲸鱼保护系统。这套名为“鲸安”（Whale Safe）的系统综合运用了生物声学和其他三项数字技术。[④] 首先，生物声学水下监测系统会自动捕捉鲸鱼的叫声。在人工智能算法的帮助下，水听器不仅能发现鲸鱼，还能确定发声的鲸鱼是蓝鲸、座头鲸还是长须鲸，相关数据会通过卫星传回实验室，由科学家进行二次确认。同时，圣巴巴拉的海洋科学家会通过计算机模型预测鲸鱼的出现位置：利用卫星标签总结鲸鱼的活动规律，并结合海洋学数据（海洋温度、海底地形和洋流）进行综合分析。不断变化的海水温度和海洋环境时刻影响着鲸鱼的活动，但模型依然能近乎实时地准确预测鲸鱼的出现地点。此外，科学爱好者、水手和观鲸船上的乘客可以在手机应用程序上标记目击鲸鱼的时间和地点，对预测信息进行补充。[⑤] 其次，“鲸安”还能追踪船只位置，综合各项数据给出鲸鱼

---

④ 用于监测北大西洋露脊鲸的类似系统已经投入使用。——作者注

⑤ “鲸安”会持续处理声学数据，每两小时推送一次最新信息。视觉观测数据主要来自“鲸出没”（Whale Alert，一款公众科学应用程序，用户活跃度在赏鲸、旅游和出海观光的旺季达到高峰）和“观察专家”（Spotter Pro，一款面向职业博物学家和科学家的应用程序）。与鲸鱼活动密切相关的海洋学数据和船只的位置信息也会每日更新，但后者常有 2~3 日的延迟。——作者注

出现的可能性评级——类似道路上提示车辆正在靠近学校的标志（绿色 = 没有鲸鱼；黄色 = 小心行驶；红色 = 有鲸鱼，请减速）。“鲸安”会将这些信息实时推送到区域内所有船长的智能手机或平板电脑上，提示船长放慢船速、多加注意，并持续追踪船只的减速情况。最后，“鲸安”还可以帮助管理人员进行科学决策，根据鲸鱼的所在位置和停留时间决定是否扩大及如何改变限速范围，“鲸安”会持续监控区域内的所有船只，并公布船只执行限速规定的情况：未减速的船会得到一次“失败”评定。为进一步强化监督力度，科学家们正在研发能实时识别鲸鱼并提示撞击的船载红外热成像摄像机，就像船用行驶记录仪一样。未来，一切不遵守鲸鱼回避规定的行为都将无处隐藏。

“鲸安”是技术进步的象征。过去，科学家们只能通过海上记录仪了解鲸鱼的行踪，但回收记录仪不仅过程艰难，而且耗时漫长，此外，信息延迟往往长达数周，甚至数月，分析结果也常因数据缺失而存在较大偏差。今天，科学家们已经可以发布近乎实时的“鲸鱼预报”，就像天气预报一样，告知航船鲸鱼在不同位置出现的概率。2020 年，“鲸安”的试运行大获成功，现在，研究团队正计划将系统的覆盖范围扩大至整个旧金山湾。

世界上许多地区也在推进类似计划。不久前，研究人员利用生物声学技术在南塔拉纳基湾（位于新西兰北岛和南岛之间）附近发现了一群特殊的常驻蓝鲸。研究小组的首席研究员利·托雷斯提出了这群蓝鲸很可能是“土著居民”的观点，但航运和采矿业代表立刻表示了反对，他们认为这些鲸鱼只是暂住在南塔拉纳基湾（大多数鲸鱼的确有迁徙行为）。面对质疑，托雷斯用生物声学和基因检测技术证明了这些蓝鲸与邻近地区的蓝鲸基因序列并不相同，且全年居住在南塔拉纳基湾，不会迁徙到其他地方。当时，新西兰政府正计划在这一地区启动海底采矿活动，但托雷斯的发现掀起了一场拯救新西兰蓝鲸的全国性运动，并最终促使新西兰最高法院撤销了已经发出的海底采矿许可证，政府也于此后颁布了全面禁止海底采矿的法令。研究人员还为这一地区的蓝鲸开发了行踪预测模型。未来，南塔拉纳基湾或许也将设立动态的蓝鲸保护区。

摩根·维萨利指出，船只减速不止对鲸鱼有利，撞击事故、噪声污染、污染物和二氧化碳的排放也将减少。拯救鲸鱼还有助于对抗气候变化。鲸鱼是“储碳”高手，它们死后，可以将重达 30 吨的二氧化碳封存在体内数百年，相比之下，一棵树每年只能吸收约 48 磅（约 21.77 千克）二氧化碳。从气候的角度来看，一头鲸鱼就像海洋中的上千棵树。鲸鱼的排泄物营养丰富，有利于浮游植物的生长，它也是“储碳”高手。因此，许多科学家将鲸鱼称为“海洋生态系统的工程师”。2019年，国际货币基金组织的经济学家估计，每头鲸鱼为生态保护做出的贡献价值超过二百万美元。他们提议启动一项全球经济激励计划，努力让鲸鱼的数量回升到工业捕鲸开始前的水平，这也是以“自然方式”对抗气候变化的一种尝试。

现在，世界各地纷纷呼吁启动全球性的“鲸鱼复兴计划”，以保护海洋生物多样性、对抗气候变化。研究人员已经着手布局新的治理体系，让生物声学监测和保护区划定覆盖每一片海洋。今天，生物声学鲸鱼保护系统已经进入了偏远地区。未来，遍布各地的生物声学监听站或许能够开辟动态的“鲸鱼专属航道”。

动态保护区

联合国政府间气候变化专门委员会最近公布了一份海洋状况报告。报告预测，海洋热浪、海平面上升、珊瑚死亡、海冰消融将进一步破坏海洋生物多样性。海面升温、洋流变化、极端天气等因素让越来越多的海洋生物走上了迁徙之路。由于海洋生物的迁徙路线难以预测，动态划定保护区的做法或将成为保护它们的必要手段。通过数字生物声学技术追踪海洋动物将成为紧迫的任务和海洋治理的“新常态”。

动态海洋保护区的部分架构已经在多个声学遥测网络中，例如，澳大利亚的综合海洋观测系统、美国国家海洋和大气局的海洋噪声监测网络，以及南非的声学追踪阵列平台有所体现。这些监听网络能识别濒危物种、预测海洋生物的动向，帮助人类根据环境变化及时调整保护区的范围。现在，冰川退化的北极地区已经开放了数个新航道，人类必须在重点地区，例如航船和鲸鱼的共享通道——白令海峡，采取措施防止船鲸相撞。

设立动态海洋保护区是科学家和自然环境保护主义者运用数字技术应对环境挑战的有益尝试。数千年来，人类为了生存，以及为了管理和保护野生动物，一直在关注着动物的行踪，而数字工具的出现让人类的追踪能力得到了前所未有的提升。过去 10 年，小型、新式、低价、可联网的追踪设备大量出现，特别是一些声学设备，甚至能准确监测昆虫等小型生物和鲑鱼、海龟等长距离迁徙动物的行动，[⑥] 由此造就了

⑥ 现在，人类已经能够观察、倾听居住在极偏远地区的动物。这一变化催生了运动生态学——旨在了解生物在时间和空间维度下运动情况的学科。——作者注

一个生物观测的黄金时代。

相关研究之所以重要，是因为生物多样性的快速流失预示着第6次物种大灭绝的来临。许多动物正通过改变习性（例如从日行变为夜行）或栖息地的方式适应环境变化。人类活动对陆地和海洋环境，以及全球气候的影响，为环境保护制造了新的难题：濒危物种的栖息地正在消失，或发生位移。原先划定的保护区域内已经没有了适宜濒危物种的食物和环境。动态保护区正在成为越来越多的物种的“刚需”。

基于全球人口将在未来的几十年内继续增长20亿的预期，生物声学必将成为人类与其他物种和谐共处的关键。随着机器学习等先进的人工智能技术的不断发展，数字声学监测系统将具备实时监测物种多样性的功能，系统的追踪对象也将从发声活跃的物种扩大到本身并不发声的物种。不仅如此，这些系统还有助于控制人类在重点时间、重点区域的活动。未来，保护动物的将不再是独立的静止的公园，而是能够追随它们寻找新家的步伐的动态的“安全区”。虽然生物声学保护计划无法解决生物多样性面临的全部威胁，比如化学污染，但它仍然是保护生物多样性的最佳方式之一。

生物声学技术还将在犯罪防治领域发挥重要作用。例如，研究人员已经开始利用生物声学技术确定爆破捕鱼（也称炸药捕鱼）的发生地和“重灾区”。爆破捕鱼即渔民使用非法获取或用煤油和化肥自制的炸药捕鱼，这种做法也被形象地比喻为“在海洋里偷猎大象”。爆破捕鱼的地点往往是鱼群密度较高的珊瑚礁，渔民用炸药杀死或震晕鱼群，让它们失去反抗能力。部分渔民甚至在用这种方法捕猎深海鱼类（金枪鱼）：先用炸药把鱼炸晕，再潜入水中捕捞。即便能够幸存下来，它们的身体和听力也会遭受到不可逆转的伤害，此后存活下来的希望几乎渺茫。爆破捕鱼在东南亚的珊瑚三角区和坦桑尼亚十分常见，且难以监管，小规模的爆破捕鱼尤其容易逃脱不定期的巡逻检查。而被动声学监测拥有能够识别爆炸声的自动算法，它可以在30~40英里（约48.28~64.37千米）外精确锁定非法捕鱼的地点，帮助执法部门快速做出反应。

声学技术不仅能帮助人类定位、避开濒危海洋生物，还能帮助海洋生物避开人类。针对世界各地普遍关注的误捕（如捕捞其他鱼类时捕获了海龟、海豚或鲸鱼）问题，科学家们研发出了专门驱赶海洋哺乳动物和部分鱼类的声学警报器。现在，船只、渔网、码头和围栏上已经安装了成千上万只提示海洋生物不要靠近的数字声学威慑装置，人们甚至可以针对特定物种调整威慑信号。不过，也有人担心这种方法的副作用：

就像用超高瓦数的照明灯恐吓盗贼一样，灯光造成光污染可能让邻居苦不堪言。此外，即便单个信号强度很弱，相互叠加的威慑信号也可能导致声掩蔽，导致声学空间变得模糊不清。持续不断的嗡嗡声虽然不会立刻杀死海洋动物，但会影响它们的通信质量和范围。海洋动物可能因此变得沉默，或只能听到近距离的声音。对鱼类和海豚来说，这和慢性失明、失聪无异。因此，也有海洋生物研究人员呼吁用更安静的方法替代声学威慑。不过，即便弃用声学威慑，海洋生物也依然面临着更加普遍，也更加严峻的威胁：愈演愈烈的环境噪声。

为喧闹的海洋按下静音键

2001 年 9 月 11 日上午，生物学家罗莎琳德·罗兰正准备在阳光明媚的秋日乘船进入平静的芬迪湾。广播中轮番播报的袭击事件让她感到难以置信。用罗兰的话说，芬迪湾“正在为死去的生命默哀”，团队成员平复了心情，决定继续出海，来到海上后，团队成员便开始了紧张的工作：收集鲸鱼的粪便样本，以研究露脊鲸的健康和繁殖情况。他们会将样本带回实验室，测试其中与鲸鱼的压力和健康水平相关的激素水平。

同一时间，海洋学家苏珊·帕克斯也在船上，为一项针对露脊鲸母子的社会行为的研究采集数据。虽然大部分船只在袭击发生后的一周都未出航，但帕克斯选择了照常出行。几个月后，罗兰和帕克斯（仅有的两位仍然坚持在异常安静的特殊时期出海工作）偶然发现，她们的研究可以合二为一，回答一个开创性的问题：海洋噪声是否与鲸鱼的压力有关？

这是一个亟待解答的问题，自20世纪50年代起，许多地区的海洋噪声每过10年就增加一倍，这是海洋工业化的结果。贸易增长和贸易全球化促使商船的吨位增加了10倍。近年来，围绕深海石油和天然气的资源争夺战使得地质勘探愈发泛滥，往来船只、海上工程、声呐设备和声学威慑装置的增加与普及令海洋愈发喧闹。

帕克斯和罗兰共同分析了鲸鱼的压力水平在最近10年的变化情况。她们的研究发现很快登上了新闻头条：在“9·11”事件后的“静默期”，鲸鱼的压力水平明显下降——海洋噪声的强度只有从前的1/4，鲸鱼体内与压力相关的激素的水平也明显回落。不久后，当航运流量和噪声强度再次回升，鲸鱼的应激激素分泌量也随之上涨。人类早已知晓噪声对人体健康的影响：噪声会导致血压升高、应激激素分泌增多，从而损害心血管健康、增加罹患冠心病的风险。但一直以来，人类并不了解噪声污染对鲸鱼的影响。⑦

出于好奇，研究人员又对其他海洋动物进行了研究，结果发现许多物种都会受到噪声影响，包括鱿鱼等无脊椎动物。经过20年的努力，研究人员终于掌握了足够的证据证明海洋噪声污染不仅会提高海洋动物的压力水平，还会对它们的健康造成不利影响。即便是低强度的噪声，比如远处的货船，甚至遥远的汽车和飞机的声音，都会让章鱼和牡蛎无法呼吸。不断累积的海洋噪声会阻碍海洋生物的生长、发育、睡眠、繁殖，甚至直接杀死它们。水下地质勘探是破坏力极强的噪声污染源：气枪的每一次振动都会让方圆1英里（约1.6千米）内的海洋生物苦不堪言，它会震聋鱼群，杀死浮游动物，损害大型海洋哺乳动物，例如海豹和鲸鱼的听力。由于声音极易在水下传播，气枪振动影响的不是某些个体，而是整个海洋生态系统。

噪声同样会影响陆生生物的健康。人类活动的噪声不仅会扰乱陆生生物的繁殖、觅食、狩猎、迁徙等行为，还会影响它们的神经内分泌系统（提高皮质醇水平）、生理机能（提

⑦ 面对这些发现，美国联邦政府依然决定授权油气开采公司对美国东部海岸的海底进行地质勘探，以寻找可开采的资源。——作者注

高呼吸速率）和通信能力，让它们难以聚集、交配、捕猎和社交。当人类活动的噪声越来越大，动物只能提高音量，就像人类在嘈杂环境中不得不大声说话一样，这会消耗动物的体能，让它们对其他活动“力不从心”。

如果动物选择逃离噪声，那么其他生态过程又会受到影响，例如种子和花粉的传播。研究人员在美国爱达荷州进行了一项创新实验：用一字排开的15个扬声器在幸运峰州立公园的密林里划出了一条“幽灵路”。研究人员用扬声器播放高速公路的录音，同时观察鸟的反应。结果显示，1/3的鸟主动搬离了“幽灵路”附近区域，尤其是年龄较小（一岁左右）的个体。选择留下的鸟的身体状况每况愈下，体重也不再增加，这种情况让人担心，因为许多迁徙物种都需要在途中休息、补给。研究人员指出，到2050年，人类修建的公路总长将能绕地球6周，而人造噪声的治理似乎没有太大进展。[8]生活在公园和保护区内的动物终将被随处可听的噪声吞噬。

最令人担忧的或许是噪声污染会扰乱胚胎发育的事实。

---

⑧ “幽灵气田”实验（对动植物播放天然气开采时压缩机和其他机器发出的噪声）也得出了类似结论。这一结论令人担忧，因为北美地区在过去20年间新增了60万个天然气井。——作者注

胚胎所处的声环境对个体的影响将是永久性的，因为声学发育编程[9]会影响胚胎的大脑发育，改变其内分泌和基因表达，左右其生理机能和认知能力的发展。在健康的生态系统中，这一过程有助于动物适应周围环境，例如，许多物种的幼崽会在孵化期间记住父母的叫声；部分物种，比如斑胸草雀，甚至会根据父母的叫声在破壳前调整体形。对于声景可能对生物造成的影响，我们的了解还很有限。但我们已经知道动物对声音极其敏感，科学家们甚至发现不同的摩托艇引擎对鱼类胚胎的影响也不相同——虽然所有引擎都会让胚胎心跳加速，但二冲程舷外引擎（噪声较大）对胚胎心率的影响至少是四冲程舷外引擎的 2 倍。《科学》期刊的一篇文章言简意赅地总结了这一研究发现：人造噪声让鱼卵不得安宁。

海草之歌

噪声污染对环境和海洋的危害，在最近一项针对海草草

[9] 发育编程即胚胎（或胎儿）在遗传信息和环境因素的相互作用下不断发育的过程。——译者注

甸（地球上最古老的植物之一，有“海中平原”之称）的研究中被再次证实。除南极洲外，世界各地的海岸都曾长满海草。海草草甸的作用和价值可以与珊瑚礁媲美，它们不仅能为年幼的海洋生物提供觅食和栖身之所，还能保护海岸免受侵蚀、促进养分循环、稳定海底珊瑚礁、改善水质。和陆地上的森林一样，海草也是重要的“储碳池”，在稳定全球气候中发挥着重要作用。最近几十年，沿海地区的海草迅速减少，消失的海草草甸总面积几乎和亚马孙平原相当。科学家们认为海草的消失和气候变化、化学污染、船运活动、清淤工程、海水淡化工厂的高浓度盐水排放等因素密切相关。但西班牙加泰罗尼亚理工大学的环境工程高级研究员玛尔塔·索莱认为，噪声污染也难辞其咎。

此前，索莱和她的博士生导师迈克尔·安德烈已经在非传统研究领域取得了令人瞩目的成就，例如对人造噪声影响无耳海洋生物，如头足类动物（如章鱼）、刺胞动物（如珊瑚和水母）、甲壳类动物（如虾和海虱）的研究。索莱决定选择波西多尼亚海草这个世界上最古老的海草作为研究对象。化石记录显示，这种与希腊海神同名的海草在白垩纪时期就已存在。其中有一种大洋海草，它生长在地中海地区，通过无性繁殖的方式繁衍生息，虽然生长缓慢，但它相互盘绕的根能一直向下生长，深入水下数米。曾经，大洋海草覆盖了整个海岸线，它在水中浮动的果实被称为“海橄榄”。海草草甸非常古老，伊比莎岛南部的一片草甸的存活时间已经超过了十万年（实际时间可能接近二十万年），它很可能是地球上“年纪最大”的植物。

索莱在此前的研究中发现，头足类动物能通过一种名为“平衡囊”的器官感受声音，而这种器官的体积很小。[10]当被置于模拟海洋地质勘探点附近和船只往来频繁地区的环境中时，平衡囊受损严重：与人类鼓膜在巨大噪声下的反应一样，它们也会肿胀、爆裂、死亡。这些动物的晶胚也会受到影响，如出现大面积表皮病变和纤毛损伤。

索莱想知道海洋植物是否也会受到类似影响。海草和其他海洋植物一样，也有名为“淀粉体”的质体（类似平衡囊的器官）。淀粉体能帮助植物感受重力，控制根的生长，通

---

⑩ 平衡囊是海洋生物用于辨别方向、保持平衡、接收声音和感受重力的器官。它的功能与鱼类的内耳类似，可以感知水中的粒子运动和压力变化。对没有耳朵的头足类动物而言，平衡器位于它们的头软骨内部。一些古老的头足类动物的头部长有横向排列的感觉毛细胞；这也是没有耳朵的章鱼能够准确识别猎物和掠食者的位置（特别是在昏暗环境中）的原因。它们甚至可以通过平衡囊和布满感觉毛细胞的触手感知水流发出的极细微的声音。——作者注

过水中的粒子运动感受声音。[11]研究人员已经知道，淀粉体大量存在于波西多尼亚海草的部分根冠和根茎细胞中。那么，噪声会像伤害章鱼一样伤害海草吗？

索莱将海草样本移植到了实验室的水箱中，用与海洋动物实验类似的方法对海草进行了测试。她让控制组的海草在安静的环境中生长，让测试组的海草面对模拟航运和水下地质勘探等工业活动的巨大的低频噪声。一段时间后，索莱对比了两组海草的根和根茎细胞，以及附着在海草根上的真菌共生体，结果发现控制组海草的淀粉体完好无损，而暴露在大音量噪声中的淀粉体不仅变形严重，而且数量锐减。在扫描电子显微镜的帮助下，研究人员发现章鱼的平衡囊也对噪声有类似反应：细胞会爆裂开来，任由内容物从伤口流出。和章鱼一样，海草的感觉器官也受到了永久性的严重损害。研究人员推测，这种损害可能会导致植物无法感知重力和储

---

⑪ 淀粉体是一种淀粉含量极高的质体，能帮助植物在水层中确定方向——作用近似能够感知声音、帮助海洋无脊椎动物定向的平衡囊。淀粉体与人类细胞的线粒体类似，是由双层膜包裹、拥有独立脱氧核糖核酸的细胞器。淀粉体内部会不断生成、累积淀粉，从而在细胞内“沉底”，以此向植物发送重力信号（将信号传送到植物根部的特定部位，让它保持向下生长）。——作者注

存能量，而这两项机能正与植物的生存密切相关。更令人担忧的是，附着在海草根部的共生真菌也会被噪声破坏，而它们的退化意味着植物更加难以从海洋中获取营养物质。

索莱的研究震惊了科学界。之前，海草研究人员从未将噪声视作威胁，生物声学研究人员也没有想到环境噪声会伤害海洋植物。这些发现对海洋生物多样性的保护具有重要意义。海上作业，例如海底采矿，石油、天然气、可再生能源开发工程等不断增多，却很少有人关注噪声对海洋植物的影响。虽然暴露限制尚不明确，但可以肯定的是，生物声学必将改变海洋工业从规划到实施的全过程。索莱指出，如果所有海洋动植物都对声音敏感，那么噪声污染就不是针对某个物种，而是针对整个生态系统的威胁。迈克尔·安德烈认为人类的任务已经非常明确："我们不能只为特定物种设定保护阈值，而是要全面治理噪声污染。"全球航运业和采矿业并不喜欢这个结论，但安德烈表示，生物声学研究已经让监管部门"退无可退"了。

安德烈提议编制一套生态声学指数，用于评估生物活动和环境噪声污染的影响。[12] 他的想法是：生物活动频繁的地区

---

⑫ 生态声学指数是一种数学函数，能综合分析特定"听觉场景"的关键声学数据。这种函数可以完成多种任务，如计算信噪比和能量分布，从数据中提取与声学事件相关的模式。——作者注

往往有着丰富而多样的声景。动态生态声学指数（能够实时监测声景变化）可以通过声音模式的变化分析得知生态系统的健康状况，并且这种方法比视觉观测更加准确、经济。[13] 目前，科学家们已经编制出了多种生态声学指数。虽然这些指数大都是计算密集型工具，但安德烈认为，现在的硬件和软件都已足够强大、廉价，足以支撑生态声学指数在全球环境监测中的全面应用。使用生态声学指数需要对大量数据进行校准，不过，安德烈指出，世界上已有超过 150 个生态声学监测站全天 24 小时处理数据长达 10 年之久了。

如果安德烈是正确的，那么通用的生态声学指数或许会成为 21 世纪评价环境健康的新标准。正如国际单位制（例如米和千克）促进了商业的标准化发展、推动了贸易全球化一样，全球生态声学指数的确立也将为全球生态监测系统的建立奠定基础，而后者将成为监管部门治理工业噪声污染的重要工具。

全球生态声学指数具体能发挥哪些作用呢？安德烈指出，在综合分析各监测站数据的基础上，指数可以提供一份“环

---

⑬ 生态声学指数是一种动态监测手段；地球处于动态平衡之中，各项因素都在不断变化，因此，生态声学指数也应当具备动态处理能力。——作者注

境健康预报”——与由数千个降雨和气温监测站的数据综合而成的天气预报一样。借助这一系统，我们将更加全面地把握生态系统的变化和动物迁徙的情况。只要数据保存妥当，人类将建成一个世界物种“记忆库”，为未来的科学研究提供重要参考。不过，安德烈表示，编制生态声学指数的最主要原因是，环境噪声污染不仅是对全球生态系统的威胁，还是少数较易防治的污染之一。噪声是点源污染物——只要“关闭”源头，其影响便会迅速消退。与二氧化碳和持久性化学物质（分解过程可能持续数十年或数百年）不同，噪声污染的消除相对简单。因此，噪声污染的治理往往能立竿见影。生态声学指数可以设定环境噪声的阈值，帮助人类将噪声污染控制在安全范围内。噪声防治对人类也大有裨益，因为噪声不仅会导致人类的压力水平上升，还会增大早产、心脏病、认知障碍和痴呆的发生风险。

海洋生物对声音尤其敏感。针对这一环境的噪声，我们可以从以下几个方面着手解决。首先是改变航运，船只应避开敏感地区，放慢航速，改用更安静的螺旋桨和引擎；其次是禁用海洋气枪，换用其他勘探设备。直到最近，减少海洋噪声都是一个难以实现的梦想。2011 年，一些科学家提出了一个“疯狂”的建议：全面禁航一年，以便在不受人造噪声干扰的条件下开展海洋研究。正如海洋学家彼得·泰亚克诗意地描绘了这一行动的目的："没有了人类活动的影响，我们将看到海洋不为人知的一面……就像在全世界的灯光都熄灭的时候仰望夜空一样。"这一提议为另外一些科学家提供了灵感，他们希望在条件成熟时进行一次"国际静海实验"。但这个想法似乎也难以实现。

后来，新冠疫情暴发。国际航运戛然而止，陆地和海洋噪声都大幅减少。部分地区，比如美国西北部的海洋已经几十年都没有这样安静过了。疫情导致的停航促成了"静海实验"，也证明了环境噪声的减少的确能为地球带来巨大的益处。短暂宁静的大自然让人类认识到了自己对地球声景造成了多大的影响，以及如果我们能安静下来、重新倾听，地球将收获更多的益处。

打乱地球的节拍

即便噪声污染得到有效治理，气候变化也仍然威胁着地球声景。许多人还未意识到，气候变化正在改变自然的声音。陆地和海洋生物中，很多对声音十分敏感的物种的声学栖息地正遭到破坏。3 位世界顶尖的声学科学家——杰罗姆·叙厄尔、伯尼·克劳斯和阿尔莫·法里纳——形容气候变化“打乱了地球的节拍”：扰乱了生命的声节律，包括生物声（动物、植物和昆虫的声音）和自然声（雨、水、风和地球自身的声音）。

为什么会这样呢？当天气和海洋条件发生变化时，声音的传播情况也会改变，因为温度、湿度、风速和降雨强度都会影响声音的传播速度。全球变暖导致极端天气频发，让生物个体的通信范围随之大幅变化：声音的传播距离可能受限，影响动物的通信、社交和交配行为，甚至让它们无法找到同伴；或者，动物必须消耗更多能量才能完成通信，令其他生存必需的活动难以开展。

环境温度还会直接影响许多物种的发声和听声过程，包括鸟类、昆虫、两栖动物、鱼类和甲壳类动物。例如，两栖动物、鱼类和节肢动物的音高、音量，以及在单位时间内的发声次数都与温度有关。第七章曾介绍过皮尔斯在哈佛大学所做的实验，他的实验证实了蟋蟀在单位时间内的鸣叫次数与所处环境的温度成正比。气候变化还会影响周期性和季节性的自然规律，包括声学规律，而这些规律对生态环境和生物进化都十分重要。气候变化可能直接影响生物，也可能影响它们赖以生存的资源（如食物），以此改变季节性声学规律。

在海水变暖、桡足类动物大量消失的海域，鲸歌可能再也不会出现了。

气温变化还可能让蝉、蟋蟀、青蛙和鱼改变歌声，甚至停止歌唱。一些科学家提出，环境变化或许会让海洋的“冬天异常沉寂，夏天异常喧闹”，因为愈发频繁、猛烈的冬季风暴会让海洋生物噤声。这些声学变化可能在热带物种的身上体现得最为明显，因为它们适应温度变化的能力相对较弱。

不论多么遥远的地方，包括北极和南极，都会受到气候变化的影响。哥伦比亚大学的露丝·奥利弗和团队成员在阿拉斯加北部的布鲁克斯山脉安装了自动记录设备，监控迁徙鸟类抵达传统繁殖地的时间和停留期间的发声情况。与覆盖面小、费时费力的标记法不同，这些设备的记录范围覆盖整片繁殖地，且能显示鸟类在这一区域近 5 年的活动变化情况。借助广泛应用于人类语音识别软件的机器学习算法，研究人员发现环境条件不仅会影响鸟儿抵达繁殖地的时间，还会影响鸣禽的发声活动，特别是在产卵前的一段时间。不仅如此，其他许多物种的习性也在发生改变。

正如叙厄尔和他的同事们所写的那样，骤变的温度和湿度会让自然的声音“失调”，就像乐器走调一样。大气层的变化催生了飓风、龙卷风、洪水、野火、热浪、干旱等灾害，从而影响了天气和地质声景。气候变化会让自然之声变得微弱而难以辨认，甚至彻底消失。诸如交配、迁徙、选择栖息地等动物行为所依赖的“闹钟”会错乱，甚至“失声”，因此，气候变化引起的声学改变对世界各地的物种来说都是巨大的威胁。对抗气候变化已是当务之急，而对气候变化会导致声失调的认识又给了人类另一个立刻行动的理由。情况已经迫在眉睫，生物符号学家格雷戈里·贝特森指出：生物通信规律的紊乱和发声的减少往往预示着生态系统的大面积崩溃。从全球范围来看，噪声污染对生态系统的威胁丝毫不亚于化学污染。

2017 年，联合国教科文组织发布了一份关于声音在当今世界的重要意义的报告，报告指出：“声环境对人与人、人与自然关系的平衡来说至关重要。”虽然欧盟委员会于 2008 年通过的《海洋战略框架指令》要求所有欧盟成员都对噪声污染进行监测和治理，但只有少数成员做出了实际响应。然而，确凿的科学证据必将进一步推动立法改革。倘若如此，生物声学技术和全面的环境噪声污染控制标准或将成为全球环境监管的通用手段。

迈克尔·安德烈认为，这些技术不仅仅是监管部门的工具。他表示：“数字技术让我们获得了第六感——一种聆听自然的新能力。我们不仅能像海豚和鲸鱼那样聆听大海，还能同时、不间断地聆听多个地点的声音。最终，数字技术将帮助人类重新建立与自然的联系，让我们重拾失去的能力。”安德烈继续补充道，这些发现并不新奇，“在亚马孙，我们从麦克风中听到了许多神秘的声音。我们能记录它们，但无法理解它们。当地居民会为我们解释这些声音的含义。生活在那里的人们知道如何识别声音，也理解它们在生态语境下的意义。”虽然安德烈认可设定通用的生态声学指数有利于环境评估和管理的观点，但他也提醒人们正视科学的局限：我们应当反复学习传统知识，汲取其中的精华，但必须避免对土著知识的再殖民和侵占。

如果没有土著知识的支撑，生态声学就只是单纯的计算：计算声音的数量，却无法理解其含义。只有将数字聆听和深度聆听结合起来（选择特定地点的生物群落为倾听对象），人类才有可能理解这些声音的意义。只有理解了声音的意义，人类才会更加自觉自愿地保护这些声音的主人。这也是科学家们在世界各地，从海洋深处到原始森林中心，铺设声学监测系统的原因。音乐家和数据科学家艾丽斯·埃尔德里奇认为，未来，生物声学系统将实现声学预警功能：不仅能记录地球的衰亡，而且能在为时已晚前提醒人类采取行动。她支持土著领袖对保护地球自然声景的呼吁，并借用盖丘亚人[14]长者的话表达了自己的观点："这些声音是大自然用数百万年的时间写成的交响乐。它们是独特而无价的作品，我们不能任其毁灭。"

声学显微镜

声音对生命之树上的所有物种都极为重要——这是人类刚刚知晓的事实。不论是微小的珊瑚还是硕大的鲸鱼，非人类生物对声音的敏感程度远比我们想象的更高。许多非人类生物都在通过声音相互交流，而且方式复杂。数字生物声学工具可以记录这些形式复杂的通信，人工智能则能破译其中的信息。

生物声学技术和人工智能为人类提供了了解非人类声音的强大工具。我们永远无法唱出鲸歌、发出蜂鸣，但计算机和仿生机器人可以。数字设备让人类看到了通过数字技术实现跨物种交流的希望。这不仅能帮助我们保护环境，还能帮助我们理解自然和身为人类的意义。如果我们可以（再次）

⑭　盖丘亚人是亚马孙地区的土著居民。——译者注

听到并理解自然的声音，我们的生活方式会有怎样的变化呢？

这些思维方式的转变会给人类社会带来哪些影响？我们或许可以参考几个世纪前的一项革命性创新：显微镜。正如历史学家凯瑟琳·威尔逊所说，显微镜催生了科学革命。它不仅改变了科学研究的方式，还让人类对自身和与周围世界的关系有了更加全面的认识。生物声学对人与地球关系的影响将不亚于显微镜，只是它强化的是我们的听觉，而非视觉。

安东·范·列文虎克是一名只有小学文化的荷兰布匹商人，当他第一次向科学界介绍显微镜时，科学家们还无法完全理解这一设备的重要意义。列文虎克的天赋不仅体现在制造显微镜上（他一生共制作了500余台显微镜，且多次刷新了放大率的纪录），还体现在他对观察世界的热爱上。伽利略喜欢观察天空，列文虎克则沉迷于观察井水、霉菌、虱子、酵母、血细胞、母乳（来自他的妻子）和精子（来自他自己）。透过自制显微镜，他看到了令人震惊的画面：目之所及尽是不停扭动的微生物，它们的形状和大小都在不断改变。这些仿佛来自幻想世界的微小生物充斥着世界的每个角落，而人类竟然从未觉察到它们的存在。

奇异的陌生感让列文虎克决定暂时“保守秘密”，因为他害怕被人嘲笑。但最后，他还是给当时顶尖的科学团体——

英国伦敦皇家学会寄去了一封信。学会成员们最初对他的发现持怀疑态度，因为人类总倾向于相信自己无法感知的事物并不存在。但列文虎克坚称：放大技术让人类看到了完全不同的生物。它们生活在这个世界的每一个角落，只是人类无法用肉眼看到它们。眼镜让人类的目光聚集到了文字上，望远镜又将我们的视线带到了太空，而显微镜则为我们推开了通往此前从未想象过的新世界的大门。伦敦皇家学会专门选派了几位代表前去查看列文虎克的显微镜，确认他所说的并无虚假后，才终于认可了他的发现。列文虎克的报告最终登上了当时最为顶尖的科学期刊，同期见刊的还有艾萨克·牛顿的文章。

显微镜的普及让科学家和哲学家看到了更多的可能性，也推动了原子论和机械论的发展。对微观世界的探索，以及微生物在创造生命和传播疾病方面的作用引起了培根、笛卡儿和洛克等哲学家的兴趣，同时这也对他们产生了影响。当科学家们通过显微镜发现病原体的存在时，人类对疾病的普遍认知（例如认为疾病是由臭味或罪恶引起的）发生了动摇，并最终被彻底颠覆。列文虎克发明的显微镜发挥了视觉假体（一种能够让人类用新的方式看到新的事物的人造眼）的作用，为此后的无数突破性发现，包括生命密码（脱氧核糖核酸）

奠定了基础。显微镜改变了人类的观察方式，让眼睛和想象力得以同时发挥作用。

数字声学的重要性不亚于显微镜，它同样有着“科学义肢”的功能：强化人类听觉，拓宽人类的感知和认识范围。在我们探索遍布世界、由不同生命创造的声景时，我们也懂得了声音不仅能传递信息和意义，也能造成伤害的事实。与此同时，我们也在学习如何利用这些知识更好地保护地球。

就像列文虎克第一次使用新制成的显微镜一样，我们还不知道这种数字生物声学技术所带来的一切。今天的人类已经听到了过去从未想过能够听到的声音，但这既不新奇（土著居民早已掌握聆听非人类声音的技巧），也非中立（数字技术存在被误用和滥用的可能）。但只要监管得当，生物声学技术将是人类探秘非人类世界的重要工具。生物声学技术证实了许多物种都有“以声达意”的能力。在人工智能技术的帮助下，人类或将实现跨物种交流。未来，人类只需张开耳朵，就能进入一个奇迹世界。

致谢和受访者名单

2015—2016年，我以莉诺·安嫩伯格和瓦利斯·安嫩伯格通讯研究奖学金资助对象的身份到斯坦福大学行为科学高级研究中心进行了为期一年的交流，其间的研究成果为本书的写作奠定了基础。同年，我在斯坦福大学地球、能源和环境科学学院担任客座教授。我要感谢所有的同事和校方代表，尤其是罗斯玛丽·奈特博士和玛格丽特·列维博士。

在写作过程中，我采访了米歇尔·安德烈博士（加泰罗尼亚理工大学）、大卫·巴克利博士（新不伦瑞克大学）、迪希亚·贝拉彼得博士（美国生态信托基金会）、格里·卡特博士（俄亥俄州立大学）、金伯利·戴维斯博士（新不伦瑞克大学）、克里斯蒂娜·戴维博士（特伦特大学）、理查德·杜威博士（维多利亚大学）、卡米拉·费拉拉博士（世界野生生物保护学会巴西办事处）、杰奎琳·贾尔斯-斯泰恩茨博士和蒂姆·戈登博士（埃克塞特大学）、大卫·汉内博士（美国联合研究委员会）、金·朱尼珀博士（加拿大海洋观测网络中心）、米丽娅姆·克诺恩希尔德博士和蒂姆·兰德格拉夫博士（柏林自由大学）、劳伦·麦克温尼博士（赫瑞瓦特大学）、凯蒂·佩恩博士（康奈尔大学）、朱莉娅·赖利博士（麦考瑞大学）、史蒂夫·辛普森博士（埃克塞特大学）、玛尔塔·索莱博士（加泰罗尼亚理工大学）、克丽丝塔·特拉昂斯（加拿大温哥华港务局）和摩根·维萨利（加州大学圣巴巴拉分校贝尼奥夫海洋研究所）。在更早的研究中，我和同事马克斯·里茨博士（他曾是我的研究生，现在在剑桥大学任职）还采访过以下人士（访谈内容未在本书中直接体现）：伊恩·阿格拉纳（美国“野生动物声学”公司）、杰西·巴伯博士（博伊西州立大学）、埃琳·贝恩博士（阿尔伯塔大学）、克里斯托弗·克拉克博士（康奈尔大学）、阿尔莫·法里纳博士（生态声学国际研究机构）、库尔特·菲斯特拉普博士（科罗拉多州立大学/国家公园服务处）、苏珊·富勒博士（昆士兰科技大学）、詹尼·帕万博士（帕维亚大学）、凯蒂·佩恩博士（康奈尔大学）、亚历克斯·罗杰斯博士（牛津大学）、霍尔格·舒尔策博士（哥本哈根大学）、迈克尔·斯托克（海洋保护研究机构）和彼得·泰亚克博士（圣安德鲁斯大学）。我曾在多个场合（剑桥大学、牛津大学、斯坦福大学、多伦多大学、俄亥俄州立大学、瓦赫宁恩（又译瓦赫宁根）大学和滑铁卢大学的讲座以及国际环境传播协会的主题演讲上）分享过书中的部分内容。我由衷地感谢每一位耐心听讲、积极询问、表示质疑或支持的观众。

研究密集型著作的诞生离不开集体研讨。约翰·博罗斯、吉姆·科林斯、艾梅·克拉夫特、考特尼·克兰、德克·布林克曼、乔纳森·芬克、利拉·哈里斯、尼娜·休伊特、霍尔格·克林克、罗斯玛丽·奈特、凯文·莱顿-布朗、艾伦·麦克沃思、雷蒙德·额、克里斯·赖默、马克斯·里茨和道格·罗布给了我许多反馈和建议。“水资源去殖民化”项目的成员让我收获了很多启发。阿曼达·钱伯斯、阿莉西娅·费利、奥利弗·加杜里、索菲·加洛韦、卡罗琳·汉娜、夏洛特·迈克尔斯、加布丽埃勒·普洛温斯、克莱尔·普赖斯、阿代勒·泰瑞亚斯、本特利·谢和索菲娅·威尔逊在研究方面给了我许多帮助；相关研究得益于斯坦福大学地球、能源和环境科学学院，斯坦福大学行为科学高级研究中心，加拿大社会科学和人文学科研究委员会以及皮埃尔·埃利奥特·特鲁多基金会为我提供的资助。我想感谢每一位同事、助手和赞助人。

感谢我的丈夫和女儿在我漫长的写作过程中所表现出的耐心。感谢罗宾·沃尔·基默尔、艾梅·克拉夫特、莫妮卡·加利亚诺、苏珊娜·西马德、凯蒂·佩恩和卡米拉·费拉拉，她们用各种各样的假设性问题时刻提醒着我：科学技术虽然强大，但科学以外还有广阔天地。感谢约翰叔叔，他能说会道、热爱冒险、熟知历史、风趣幽默、喜爱魔术、真诚友善。感谢西尔维娅·鲍尔班克，她是我的写作和野外露营导师。感谢露易丝·曼德尔，她让我学会了用亲人的视角看待土地、自然规律和非人类生物。感谢艾梅·克拉夫特，她让我对水、去殖民化和灵魂有了更深的认识。感谢朱迪·施密特，她为我详细介绍了烟草和光照，希望她的花园越来越好。感谢安妮·戈萨奇，她是了不起的蜜蜂专家。感谢考特尼·克兰，她天赋超群、待人友善。感谢尼娜·休伊特，她在我最需要的时候给了我莫大的鼓励。感谢大卫·艾布拉姆，他教会了我如何在丛林中保持专注。感谢凯莱布·贝恩和邓恩-扎地区莫伯利湖的管理团队，他们不仅与我分享了麦饼，还和我探讨了“归属”和“家”的意义。

感谢皮斯河，它教会了我如何倾听，这是我最宝贵的收获。皮斯河是波澜壮阔的马更些河的支流；马更些河就如同加拿大版的亚马孙河——物种丰富，美不胜收。为了研究，我曾在那里“安营扎寨”了一段时间，收获了许多极为重要的领悟。在工业化的不断侵袭下（为了获取木材、石油、天然气、水电、煤炭等）我亲眼看见了愈演愈烈的人类活动对这片地区的环境和声景的破坏。我希望这本书能为改变现状贡献一份力量。

最后，我要特别感谢我的编辑艾莉森·凯勒特。这本书的诞生离不开她的耐心陪伴和悉心指导。另外，还要感谢仔细阅读了这部作品的书评家和普林斯顿大学出版社的团队成员。

特别鸣谢

感谢武汉白鱀豚保护基金会提供给本书的视频和音频资料，包括白鱀豚和长江江豚的音视频资料，以及中华白海豚的音频资料。

武汉白鱀豚保护基金会由中科院水生所等单位发起成立，是全国第一个以一种濒危水生动物命名的公募基金会。该基金会成立于1996年，一直致力于长江豚类的研究和保护工作，是全国最专业的长江江豚保护和公众教育的基金会。围绕长江江豚公众科普教育，基金会多次开展相关的活动，包括面向公众进行科普讲座，创办江豚保护示范学校，支持长江江豚的迁地保护和繁育研究工作等。

基金会的使命是动员社会力量，提高公众的环保意识，以多种形式从社会上募集资金，支持长江豚类的研究和保护工作，促进我国生物多样性保护及环境保护事业发展。

扫码聆听来自大自然的“悄悄话”